我很瞎，我是小米酒！

台灣第一隻「全盲狗醫生」的勵志犬生

杜韻如——著

推薦序
「全盲狗醫生」？怎麼可能？

　　狗醫生一職是很多正常狗狗都無法完成的使命，何況是一隻眼睛全盲的臘腸狗。

　　透過杜韻如小姐生動專業的文筆，我才瞭解這是把不可能的任務變成可能的任務，而且是絕地任務！

　　我和杜小姐一樣，從小就熱愛小動物，也有幸成為一位獸醫師。從事臨床獸醫工作數年，我也以動物醫生的角度看出杜小姐的專業與煩惱。

　　行醫上常看到許多臘腸狗因為脊髓受傷而癱瘓，也遇過多例視網膜退行性病變的年輕臘腸狗，沒想到臨床上最惡劣的情況都發生在「小米酒」的身上。以一般人的認定，下半輩子就是飼主要替牠把屎把尿了。

　　我相信，不服輸的小米酒其實是帶有使命的……動物在自然的情況下順著天性去做，就是牠們應該做的事。沒想到，牠竟然可以一一忤逆「狗」性，克服了狗醫生考試的層層誘惑、重重困難，終獲頒狗醫生認證進而服務人群。

　　考試的關卡不容易，平常會過，當場不一定會過；今年通

過，不代表明年就一定會過關。主人和狗是成為狗醫生兩個重要的元素，缺一不可，靠的是絕佳的默契組合和努力不懈地練習。就如同我之前所說的，小米酒和杜韻如小姐都是帶有使命的，是人間的天使。

我們從主人的角度去看小米酒的世界時，發現原來生命是這麼有意義。我們那麼愛毛小孩，就是因為牠們不虛偽，即使牠有一些缺陷。我以前也養過肘關節黏連的約克夏和髖關節發育不良的博美狗，直到牠們終老。悉心疼愛、投入關注很重要，有時候會勝過治療！

飼養毛小孩，當然就是要好好把牠們當成生命來看，畢竟牠們不是物品，不是隨便就可以丟棄。

杜韻如小姐對於動物的熱愛跟生命的關懷令人動容，是全書最經典的啟示。

我，張泮崇，極力推薦大家閱讀這本好書！

張泮崇
台灣狗醫生協會理事長

推薦序
一堂最美好的生命教育課

　　二〇一七年四月，訓練路上的嚴厲導師鄧惠津（江湖人稱：霸氣多多麻）交付我一個任務：有一隻全盲又有點年紀的長毛臘腸犬「小米酒」要上一對一的家教，課程目標是：成為狗醫生，能證明小米酒的生命價值與意義，幫助有需要的人和動物。接到任務時，我的第一個念頭是：如果可以成功，真的可以鼓舞好多人，但是不管結果如何，課程中都要以小米酒的福祉為優先，萬一不合適擔任狗醫生，也不應該勉強小米酒。

　　二〇一七年四月八日，這是第一次見到小米酒的那天，上課前雖然已經閱讀過牠的資料，但這是我第一次教導全盲的孩子，心中仍有無限想像，為了開心迎接牠，事前布置了豐富的嗅聞環境，希望讓牠第一次進教室就有開心的、美好的連結，讓之後的課程得以順利進行。

　　一切準備妥當後，我在教室門口等待，看到了一個開心的孩子這裡嗅嗅、那邊聞聞，尾巴搖啊搖的帶著媽媽往前走了過來，行色匆匆的路人如果不仔細觀察，應該完全不會發現小米酒是一位全盲的孩子，因為牠的表現完全不會讓人特別注意到有什麼不

5

一樣。

第一眼，看到小米酒跟媽媽的表現，真的讓人非常歡喜，小米酒沒有因為全盲被剝奪了當狗兒的樂趣，媽媽也沒有過度地保護，讓小米酒失去探索世界的能力，而且最重要的是，彼此之間有著不錯的人狗信任關係。

由於上課的目標是成為狗醫生；教學的過程，除了須強化一些小米酒本來就會的基本指令外，還要教導牠學習應對擔任狗醫生時可能會面臨的考驗：穩定的讓陌生人摸摸、抱抱，冷靜面對突然的聲響，拐杖的觸碰，遠距離的召回，吐出小米酒最愛吃的肉乾等。

考量到眼睛的關係，我們在課程教學中帶入了聽覺、嗅覺的運用，小米酒真是一位資優生，牠的學習力可是一點都沒因為眼睛、年紀而打了折扣，媽媽偶爾還會跟不上牠的學習腳步。

教學的課程中，不僅讓媽媽有了更多的觀察力與協助小米酒完成任務的能力，彼此之間也有了更好的默契，朝向狗醫生認證之路前進。更棒的是，我非常享受小米酒帶給我的愉快時光，每每看到牠沒有因為受限於眼睛的問題，進到教室都是那麼的開心，學習的過程總是那麼的陽光、那麼的積極，還沒考上狗醫生的牠就已經療癒了我。

通過課程考驗後不久，接下來的考驗就是台灣狗醫生協會的狗醫生認證考試。認證考試內容相當嚴格，包括生理及心理健康考核、性情測試、控制能力評核；健康評估（Health

Requirements）包含：1. 領有台灣寵物登記證、2. 注射有效八合一疫苗、3. 無體內外寄生蟲、4. 無人畜共通傳染疾病、5. 定期接受常見疾病預防接種，性情測試、控制能力評核，除測試小米酒是不是親人、穩定等條件外，媽媽如何完成帶領小米酒與服務對象的三方互動，更是認證過程中的重要項目，其中的關鍵是全盲的小米酒與媽媽要有十足的信任與默契，但這個我並不擔心，因為我相信媽媽知道如何透過聽覺、嗅覺和觸覺，協助小米酒建構眼前的世界，完整牠腦中的地圖。

果然沒多久就捎來了好消息，小米酒與媽媽通過認證考試，並且完成所有實習時數及志工課程，二〇一七年十月十六日台灣狗醫生協會第一位全盲狗醫生誕生。

後來，在幾次的場合中，我陸續跟小米酒與媽媽合作狗醫生宣導活動，印象最深刻的一次是敦化國小的生命教育活動，以小學五年級的康軒版國語課本中「不一樣的醫生」為題，教育孩子們認識狗醫生，從而教導他們對於生命有不同的啟發，進而尊重不同的生命。

現場超過百位的孩童，還有其他狗醫生夥伴一同進行活動，小米酒一點都不膽怯，表現得非常穩健，而眼尖的孩子們很快就發現小米酒的不同。我請小米酒媽媽在禮堂的大舞台上介紹小米酒，此時，我看到過去所認識的有點害羞、有點靦腆的小米酒媽媽不見了，在我眼前的是一位侃侃而談的女士，她把全盲的小米酒如何參與狗醫生培訓、參加認證考試、到完成見／實習正式成

為狗醫生的故事，有條不紊的講給台下小朋友聽，而這樣的故事不就是最好的生命教育題材嗎？

這本書寫著「Dr. 小米酒」的故事，看書時，如果你的身邊正好有毛小孩陪伴，請謝謝牠來到你的身邊，對牠承諾，從今天開始，無論是順境或是逆境，富有或貧窮，健康或疾病，你將永遠愛牠、珍惜牠直到地老天荒，因為如同小米酒改變媽媽一樣，在人生的道路上，你的毛小孩會引領你欣賞不同的風景。

最後，我要謝謝小米酒與小米酒媽媽，謝謝嚴厲導師多多麻，讓我在這條培育台灣狗醫生的道路上，看到這麼美麗的風景。「相信是起點，堅持才是終點」，謝謝小米酒幫我上了這麼棒的一課。

曾馨怡（晴天媽）

動物行為訓練師

推薦序
「天生我材必有用」，我是狗醫生

　　佛云：「前世五百次的回眸，才換得今生的擦肩而過。」人與人之間的關係既是如此，人和毛小孩之間的緣分豈不更深。

　　第一次看到「小米酒」這個名字，是在狗醫生認證考試的名單上。原本想像牠可能是一隻從山上下來，善跑能跳又活力十足的毛寶貝。直到認證時刻，小米酒進場，才發覺原來是一隻巧克力色的長毛臘腸。

　　進到考場時，只見其一直低著頭，四處聞來聞去，心想也許是在熟悉環境吧。就在牠來到我的面前，才驚覺牠的「異於常狗」！

　　考試的過程中，我們大家都一直屏氣凝神的期待著小米酒的表現。發現牠除了「正常」之外，還特別穩定，就連最後與狗主人的「分離焦慮」測試，牠也比一般應試的狗兒穩定，真是一隻注定要來服務人群的狗醫生。之後有幸能和我家的辛巴（Simba）帶著小米酒一起完成實習和服務。也在這期間，更能感受到小米酒的與眾不同！

　　小米酒的「特別」之處，不全然因為牠是一隻全盲的狗狗！

更難能可貴的是，當牠身處逆境，卻仍堅忍不拔的從絕境中奮力站起。

起初，我並不瞭解小米酒為何會眼盲，直到有機會和小米酒麻聊天後，才知道了原因。原來這是一種遺傳性的先天疾病「犬遺傳性視網膜退化症」（PRA），就如我家的黃金獵犬辛巴，就有髖關節與腫瘤的宿命。

在服務的過程中，許多和小米酒初次見面接觸的長輩都發覺到牠的「特別」，還會詳加詢問小米酒的狀況。也在知道原因與情況後，都會對牠特別的關愛與疼惜。所以小米酒非但不因眼盲影響自己的服務表現，還因為這個特點，給了大家很多正面、積極的想法和鼓勵。這也是牠無可取代的特色。

我家的辛巴是隻可愛的黃金獵犬。小時候就因為一如卡通中的那個「獅子王」，頭好壯壯，腿好粗粗，走起路來虎虎生風，臉上更永遠掛著有如太陽般的溫暖笑容，愛撒嬌，更愛與人們互動，因而得名。

小米酒和辛巴都是領有證照的合格狗醫生。周末、假日與周間，都會穿梭於學校及養護中心之間，為小朋友與長者進行一些陪伴、輔助復健的服務。在幾近八年的服務期間，有許多觸動人心的故事，可以與大家一起分享。

三軍總醫院松山分院（國軍松山醫院）內的德容奶奶，患有嚴重的老人失智症，頭上常常綁著兩個漂亮的「啾啾」，而且長年坐在輪椅上，不願下來活動，久而久之，腿部肌肉自然退化，

也就愈來愈不能行走。國軍松山醫院每月只有一次的定期服務，每次她都很喜歡讓辛巴拉著她的輪椅在屋內逛二圈，感覺就像官爺出巡一樣，很是威風。

一段時間後，我們觀察到她喜歡威風的感覺，就告訴她，走路牽狗更威風。在半騙半哄下，她站了起來，一手扶著護欄，一手牽著狗狗走了一段路，雖然一路上一直喊痛，但還是走出了每一步。她有著嚴重的老人失智症，卻能清楚記得每月要準備一根辛巴愛吃的香蕉，還堅持親手一口一口的剝給辛巴吃，那個畫面真的是很有趣，也在那一瞬間，她的失智症彷彿暫時消失了。

北護也有一位行動不便的廖媽媽，終年坐在輪椅上，她的女兒和先生廖伯伯也是長期的陪侍在側。每次我去服務時，一定會把辛巴的牽繩放在她的手中，告訴她要拉好，然後拉著廖媽媽走幾圈。在初期，她的手總是抓不緊牽繩，一會兒就掉，只能重新放回她的手中。經由一段時日的陪伴練習後，她除了會用力的拉住牽繩，甚至還不願放手鬆繩，剛好這也是訓練她手部肌肉的機會。更特別的是，廖伯伯都是非常冷漠的樣子，感覺上就是一副「看你們能玩出什麼」！但在廖媽媽開始有反應後，他也展開了笑臉，更會主動和大家打招呼，見我們一進門，還會跟大家「Give Me Five」！

在國小的資源班小朋友中，曾有一位不太能行走的同學，但學習走路是經常必須要做的課題，可是單純的走路練習痛苦又無聊。因為辛巴有個大狗頭，身高又剛好可以當作「行動拐杖」，

小朋友就一手按著辛巴的頭，一手扶著欄杆，在走廊練習走路，常常一走就是四十分鐘，小朋友儘管累得一頭汗，可是看得出來他是開心的。

在資源班的大部分小朋友，多是不良於行，每次去都會讓他們用助行器，牽著辛巴走操場半圈。其中有個小朋友，平時只愛用爬的，不愛用走的，但這樣是缺乏走路練習的，所以每次只要她一用爬的，辛巴就會去頂她的屁股，要她站起來走路，但是只要他們按照老師的安排和辛巴一起完成任務，他們就可以來餵辛巴吃東西、喝水。老師也說，有狗醫生去時，小朋友就比較開心並願意做復健。

「婦女新知基金會」曾經舉辦家暴受虐兒童的夏令營活動。有一對小姐弟在輔導員接來活動的途中，由於他們的父親企圖違反保護限制令，在半路上要來接近他們。姐弟倆嚇得不知所措，輔導員索性直接帶他們進入教室，一進教室還是滿臉驚恐的兩人在看到辛巴後，馬上就靠在牠的身上緊緊抱住，才慢慢平撫了他們恐慌的情緒，這點讓老師和我們都大感訝異。辛巴那時似乎也明瞭了什麼，就只是安安靜靜的趴著、任由他們抱，沒有絲毫的反抗！

今天小米酒排除了自身的障礙，通過了訓練、考試和實習各個關卡，成為正式掛牌的狗醫生，這是牠自己的努力，也是小米酒麻的照顧與堅持才得以完成。同時也因為小米酒有別於其他的狗醫生，帶給長輩與周遭大家很多正面的思維與想法，這是一件

很了不起的事。

　　這本書詳實的記錄了小米酒一路上狀況連連，卻仍屢仆屢起的生命歷程。從開始帶回家中，經歷病痛到完成任務，再到如今的照拂人群，無一不訴說著小米酒的堅強與樂觀，和小米酒麻的積極人生態度。很高興有這樣的一本書出版，能讓我們拜讀、學習。

　　回首過往八年，咱們一家三口每個周末都去的狗醫生志工服務，無疑地也好像在私釀一瓶屬於自己的人生美酒，滋味甘醇，且愈陳愈香！所以，「小米酒」之所以為「小米酒」，不僅是因為牠的「後勁十足」，更重要的原因是小米酒麻把她最愛的東西加諸於小米酒的身上，也就是小米酒麻誓言用她最大的愛去呵護小米酒的一生一世！

Simba（辛巴拔、辛巴麻）

Contents

Part **4** 不只照顧人，還照顧動物

Part **5** 中了「毛孩魔咒」，心甘情願終生為奴

Part **1** 許下一輩子的約定

第一眼的怦然心動

不得不說，緣分真的很奇妙，就好比……原本要去花市買些盆栽回家妝點屋子，結果卻是捧了一隻呆萌小小狗回家!?

以下是我想說給小米酒聽的話：

還記得，那是個風和日麗的好日子（能和妳相遇，鐵定是個好日子啦！），假日的台北建國花市人潮總是擠得滿滿滿，正當我準備穿越一波波像潮水一樣湧進湧出的人流時，卻看到人群中有一團顏色十分奇特的小絨毛球，彷彿像鑽石一樣閃閃發亮，照亮了我的眼睛，吸引著我不由自主地朝妳走去。

抱著妳的婦人說，妳的媽媽生下了妳和哥哥姐姐們，但她實在沒辦法養那麼多隻狗，所以上個星期，她先幫妳哥哥找到了新家，今天也希望能幫妳找個好人家，她繼續說道：「一看到妳的眼神，就知道我們命中注定有緣相遇……」此時此刻，我都尚可保持理智，直到……她將軟綿綿、暖呼呼的妳直接放進了我的懷中，妳一個抬頭，兩顆圓滾滾卻似乎不怎麼能夠聚焦的小眼睛與我四目相交，一臉天然呆的萌樣，令我頓時心跳加

速、意亂情迷，下一秒，我的腦海已經開始想像著和妳一起生活的情景。

婦人見狀趕緊又接著說，妳的其他兄弟姐妹當中，就屬妳和哥哥的顏色最特別，是少有的巧克力色，要不是家裡真的容不下太多毛孩子，她才捨不得將妳送走，於是她說了一個願意「割愛」的數字。聽到這裡，我猶豫了，向來對於將毛小孩當成商品販售的行為，讓我相當不以為然，如今我又怎麼能夠成為這股歪風的推手和共犯呢？

就在這時，有一對年輕的小情侶也走了過來，女孩看到妳嬌笑著說：「哇～好可愛，好像玩偶喔！」不願錯失任何商機的婦人，立刻邊伸手過來，邊對女孩說：「妳要不要抱抱看？」想到如此幼小脆弱的妳，就這樣任人抱來抱去，是不是很驚恐不安？會不會因此而生病？抱著妳的雙手，再也捨不得放開……

直到現在，對於把妳給「贖」回來的這個行為，坦白說，我還是頗有罪惡感（真心希望鼓勵大家，以領養代替購買！），但我卻很慶幸當初做的這個決定，讓我能夠好好的照顧妳、保護妳一輩子。

名字真的很重要，千萬不能亂取！

　　取名字對於有選擇障礙的馬麻來說，還眞是一件挺艱難的任務。原本想既然妳是隻巧克力色的長毛臘腸，乾脆就叫妳「咖啡」、「巧克力」或「腸腸」這一類的名字（請原諒貪吃鬼馬麻，想到的名字都跟食物有關），可是想來想去，又覺得這樣的名字太像菜市場名，萬一走在路上或公園，一喊妳的名字，搞不好會召來一堆毛小孩。

　　恰好那陣子馬麻去了一趟花東行，在原住民部落買了幾瓶好喝的小米酒，有一天，突然靈光一現，覺得這個名字挺可愛有趣的，於是就任性的爲妳取了「小米酒」這個和妳的出身背景似乎一點也沒什麼關聯的名字。

　　萬萬沒有想到，這個名字竟然會應驗了妳的一生，永遠就像喝醉酒一樣，走起路來總是跌跌撞撞、歪歪倒倒，可是往好的方面看，妳的魅力也正如其名，只要跟妳近距離接觸過的人，很難不被妳的呆萌模樣與熱情天性迷得暈頭轉向、神魂顛倒，不是嗎？

如影隨形的行動監視器

初來乍到的妳，才兩個月大左右，就歷經和媽媽、兄弟姐妹們分開，突然獨自來到一個陌生的環境，看得出來妳有些驚慌害怕，但又抵擋不住好奇心的誘惑。手掌般大的小小身軀，在屋子裡不斷四處探索，讓馬麻生怕一個不注意，若是被妳躲進哪個角落縫隙中，恐怕就找不著妳了。

於是，我用圍欄在客廳裡幫妳設了一個安全活動範圍，但很快妳就發出嗚嗚聲表示抗議，還試圖用妳那小短腿又跳又爬的搏命上演翻牆脫逃術，生怕妳不小心摔傷的馬麻也只能立刻屈服，趕緊把圍欄撤除，下一刻，妳就緊緊黏在我的腳邊磨蹭撒嬌，讓馬麻的心頓時被妳收服了。

從此以後，家裡就像是裝了一台行動監視器，無論我走到哪，妳這個行動監視器就會跟著移動到哪，而且還非常敬業，即使進入了「休眠」模式，但只要我一個起身，下一秒妳就會立刻清醒自動黏上來，有時在廁所裡待太久，還會被妳不耐煩的抓門警告，務必確保能做到如影隨形。

別怕！我會做妳一輩子的導盲人

在養妳之前，坦白說，對於妳這種「長毛臘腸」的犬種，馬麻其實一點也不瞭解，只覺得這樣長得比一般狗狗還要修長的身體，又比一般狗狗還要短小的四肢，如此違和奇特的身形比例，實在是很有趣（殊不知妳這個犬種容易罹患的疾病還挺多的）。直到對妳一見鍾情，把妳帶回家以後，為了更瞭解妳的一切，馬麻才開始認真做功課。

例如我曾經加入過同樣都是飼養臘腸狗的「腸腸家族」，就是除了希望讓妳能認識更多的同伴之外，也可以從有經驗的狗友那裡，學習到照顧臘腸狗的各種寶貴知識，因此只要一到周末假日，即使極度不想出門，也硬是會逼迫自己勤快地帶著妳去參加狗聚，讓馬麻平時喜歡窩在家當宅女的孤僻性格，因為妳而有了改變。

狗友們平時在網路留言板中的話題，不外乎總圍繞在寶貝們的養育心得，開心的時候就來曬甜蜜，搗蛋的時候也能大吐苦水，反正與毛小孩相處過程中的快樂難過，在這裡都有很多人懂，也樂於傾聽和共享，因此成為我每天一定要來逛逛和留言的輕鬆園地。

直到有一段時間，留言板上的氣氛突然變得嚴肅而低迷，起因於狗友發起了一個叫作「PRA」基因檢測活動，PRA 的中文

後來我才知道原來妳的眼睛比一般的狗狗更加異常明亮，正是 PRA 疾病的症狀之一。

名稱是「犬遺傳性視網膜退化症」，也就是一種某些特定犬種較容易得到的遺傳性視力退化疾病，帶有這種疾病基因的狗狗，若是一旦發病，視力會逐漸退化至完全失明，目前沒有任何可治癒的方式。

很不幸的，長毛臘腸正是 PRA 的好發犬種之一，開始發病的時間也相當早，可能從六個月大到兩歲間，視力就會開始退化。有狗友就是發現自家狗狗的行為出現異常後，帶去檢查才得知這個噩耗，於是開始在網路上進行宣導，鼓勵大家都應帶著毛小孩做檢查，因為如果帶有 PRA 缺陷基因，無論有沒有發病，

都應該避免讓牠們再生出下一代，才能減少更多失明犬誕生的不幸悲劇。

我永遠都不會忘記，知道這個消息的當下，內心彷彿被投下了一枚震撼彈的驚恐感受，因為 PRA 發病時的種種跡象，在妳的身上都顯而易見。

像是妳的眼睛比一般的狗狗看起來更加明亮異常，尤其夜晚的時候，燈光照在妳的瞳孔上，就如同兩顆夜明珠一般閃閃發光。最明顯的是，妳的反應永遠比其他狗狗慢半拍，不論是玩丟球、撿球的遊戲，或是在和其他狗狗一起搶吃零食的時候，妳總是因為慢條斯理的動作，而輸給別人家的毛小孩，讓當時還不明事理的我，經常笑妳是個小阿呆。

妳從小也很少像其他活潑愛玩的小狗那樣，會調皮搗蛋的四處暴衝，而是乖乖跟隨著我的步伐亦步亦趨，似乎生怕一個不小心跟丟了被丟包，所以帶妳出門時，從來不用擔心會拉不住暴衝的妳，而得一邊呼喊著妳的名字，一邊緊張兮兮追著妳跑的情況發生。

此時此刻我才終於明白，原來我一直認為妳是隻很特別的毛孩子，背後的原因竟然是可能罹患了「遺傳性視網膜退化症」的緣故。

但是在第一時間，抱著鴕鳥心態的我選擇了逃避以對，連以往熱中的狗聚也拒絕參加，就是怕見面時，大家會聊到這個我不敢觸碰的話題，而只敢默默在留言板上關注著狗友們的消息。看到愈來愈多狗友們公布檢查後的結果報告，發現確診患有 PRA 的病例，高得讓我有些驚慌，心中的疑慮也像黑洞一般不斷擴大，只要一想到妳可能是個 PRA 寶寶，就讓我的心難過得揪成一團。

　　可是，在我看到了一位狗友的故事分享後，讓我終於鼓起勇氣，決定面對現實，帶妳去做檢查。

　　他在網路上大概是這樣寫著：

　　　　以前我的狗狗是個貼身小跟班，無論我走到哪，狗狗都一定要「黏稠稠」，尤其是每天出門散步，是牠最開心的時刻，一看到我拿起牽繩，就會立刻又蹦又跳跑到門口興奮不已的直轉圈圈，但是罹患了 PRA 的牠開始發病之後，慢慢變得膽小畏縮，愈來愈常躲在客廳的陰暗角落裡，聽到稍微大一點的聲響，就會讓牠緊張不安，原本最喜歡要人抱抱、討摸摸的牠，現在伸手觸碰到牠時，便會驚嚇得像蝦子一樣彈開閃躲，甚至有時還會張口攻擊。看不見的世界讓牠隨時隨地就像隻驚弓之鳥一般，對外界充滿著恐懼和不信任感。

　　我想對你說：「如果能早一點知道，你有一天會看不見這個世界，就算工作再忙再累，我也一定會多抽出時間帶你到處走走；如果你能變回原本那個開朗、活潑的樣子，就算再怎麼搗蛋、頑皮，我也一定不會生你的氣。現在的我，真的好想看到你像從前一樣，自由自在的在草原上盡情奔跑的模樣……」

看完他的故事，我的淚再也止不住。

沒錯，逃避現實，問題並不會解決，不去檢查，心中的疑慮也不可能會消失。我當然很希望檢查結果沒事，一切都是自己嚇

自己，但如果得到的是那個不想要的答案，或許早一點知道，也可以早一點做好準備。

　　檢查的前幾天，我一直不斷給自己做心理建設，還害怕不安的情緒會影響到妳，因此不時給妳加油打氣（其實是自我安慰的成分居多），我甚至緊張到連續幾晚都失眠，直到該來的日子總算來臨。

　　帶著妳和忐忑不安的心情，踏入了動物眼科醫院，想當然耳，會來到這裡的動物都是有眼睛方面的問題，但眼前的景象，還是讓我有些怵目驚心。以前從來沒想過，人類喪失了視力，還可以仰賴許多輔具的幫忙，但喪失了視力的毛小孩呢？牠們的生活又該怎麼過？

　　終於輪到醫生為妳做檢查，他先把房間中的燈光調暗，然後拿著東西在妳的眼前晃動，藉此測試觀察妳的視力情況，果然如我所預期，妳只是乖乖的坐著，沒有任何反應，接著醫生再利用

儀器仔細檢查妳的眼睛，在一旁像是等待判決結果出爐的我，只聽到自己心臟「噗通、噗通」跳動的聲音。

時間彷彿已過了好久、好久，醫生終於做完了所有檢查，才對我說了一句：「小米酒確診是 PRA……」一聽到這句話，我又再度淚崩，即使心裡早已十之八九有了答案，但證實的這一刻，我還是難以坦然接受。

只要一想到，妳以往總是喜歡默默盯著我，很有耐心的等到我發現妳在看我，等到我對妳展開微笑，等到我將兩手一伸的時候，妳就會立刻搖著尾巴衝進我懷裡，但是有一天，當妳的眼中將只剩下漆黑一片時，再也看不到我，再也不能對我的示意而做出任何回應時，妳會不會因此而感到驚惶失措？還能不能夠在腦海中牢牢記得我的模樣？而我竟然只能為妳掉眼淚，卻終究什麼也做不了、改變不了……。

不愧是見過大風大浪的醫生，他馬上安撫我的情緒，以樂觀的口吻告訴我，這種疾病雖然無法治癒，但所幸並不會造成身體上的疼痛，加上妳的視覺是慢慢退化，而不是突然一下子就看不見，若是保護得當，還有可能盡量延緩視力衰退的速度，所以我們可以有方法和時間幫助妳適應得很好，這或許已算是不幸中的大幸。

好吧，既然醫生都這樣說了，那馬麻會趕快擦乾眼淚，認真學習如何做個稱職的導盲人，以後妳只要放心跟著我，我會一直陪著妳一起勇敢大步往前走！

Part  2

歷經磨難，然後再進化

眼睛併發症出現，
但妳是這麼的勇敢！

　　2014、2015 年不知道是不是小米酒的本命年，接連經歷兩場大手術。先是因 PRA 而繼發的白內障，兩個瞳孔變得白濁不清，帶去給醫生檢查，醫生解釋因為小米酒已罹患視網膜退化，即使接受白內障手術也無法恢復視力，但為了避免因發炎而產生更嚴重的併發症，可以靠點眼藥水緩解發炎現象，不過也只是治標而不能治本，未來小米酒很可能還會進一步罹患青光眼，因此要定期到醫院接受檢查。

　　我特別為此買了狗狗專用的墨鏡給牠戴，希望盡可能避免陽光中的紫外線，對小米酒的眼睛造成二度傷害，可惜小米酒一點也不領情，總是剛給牠戴上，就猛一個甩頭，把墨鏡拋得老遠。

　　就這樣維持了大約半年到一年左右，期間，白內障還曾一度神秘消失，小米酒的眼睛看似恢復了正常，讓好傻、好天真的我真心以為，誠心的祈求感動了老天，讓神蹟降臨了！只是一到了醫院，神蹟馬上遭到殘酷的真相毀滅。醫生說是因為水晶體移位所致，使得原本變得混濁的水晶體脫離了原來的位置，掉到了後

方的玻璃體室內，所以讓眼睛看起來像是恢復清透、正常，但失
去固定支撐力的水晶體會飄移不定，有可能使得眼壓急速升高，
進而引發急性青光眼，如果用藥還是沒有辦法把眼壓降下來，就
要考慮進行手術。

　　重度近視的我，很瞭解眼壓升高時的痛苦，會覺得眼球脹痛
得很難過，更嚴重時還會引發劇烈頭痛。但這段期間，我竟然沒
有發現小米酒的疼痛難受，只是覺得牠比往常安靜的時間變多
了，常常窩在房間裡動也不動，一待就是好幾個小時，不像以前

總是跟前跟後、寸步不離，或是吵著要出門散步，可是我卻絲毫看不出任何端倪，反而因為牠的不吵不鬧，讓我更加安然自得地做著自己的事。

　　其實，毛小孩也和我們一樣，生病時會面對很多苦痛、不舒服，可是牠們不會說話，無法把痛苦告訴我們，只能夠默默的忍耐和承受，所以和牠們一起生活的我們，如果平常沒有特別注意、關心牠們，有時在牠們剛生病的時候，可能也不會馬上發現，等到有明顯的症狀或異常情況出現時，往往已是病情很嚴重的時候了，所以平時經常摸摸牠們、抱抱牠們，有了更多相處的時間，要發現牠們的異狀一點也不難。

突然下半身癱瘓，
走上開刀與復健之路

　　每天吃完早餐，到住家附近的公園放風，是小米酒固定的行程之一，也是牠最期待、開心的一件事，所以一吃完飯，牠總會迫不及待跑到大門口，開開心心等著我帶牠出門。

　　記得那天，天氣非常寒冷，冷到連平常必會準時起床的小米酒，竟然也難得的賴床了，直到我為牠準備好了早餐，聽到敲碗聲催促的小米酒才緩緩下床來吃飯，但我仍沒有發現任何異狀，只當是小米酒剛睡醒還沒回神，所以才如此行動遲緩。

　　就在我們準備出門到附近的公園去散步時，以前總會趕在我前面的小米酒，竟然一屁股坐在家門口前一動也不動，不論我怎麼呼喚牠，就是不願站起身來。有些心急的我，拉了拉牠的牽繩，只見牠準備要站起來，下一秒又突然兩腿一軟的跌坐了回去，但牠似乎很想走過來，於是用前腳不斷奮力往前爬，看到這一幕，我心頭大吃一驚，趕緊把牠抱起來帶回家。

　　剛放在客廳地上的小米酒，立刻又坐了下去，我試圖把牠的後腳撐起來，但那兩隻後腳完全不像是牠身體的一部分，癱軟無力的以怪異的姿勢拖在地上，似乎毫無任何知覺和反應，被這個情況嚇到全身發抖的我，趕緊打電話請弟弟開車載我們直奔動物醫院。

等待看診的過程令我心急如焚、萬般煎熬，好不容易才輪到了小米酒，在醫生例行公事先詢問小米酒的狀況時，可能是太過震驚，讓我一下子變得語無倫次，只是反覆說著：「小米酒不能走路了，牠動不了了……」

　　醫生趕緊安撫我，問我小米酒是不是有發生什麼意外，例如遭到車禍撞擊或是摔傷之類的傷害，我依然很慌張的說：「沒有啊！早上起床剛吃完早飯，準備要出門散步時，就突然變成這樣了……」

　　於是醫生簡單做了幾個測試，他先是把小米酒的身體撐起來，但兩隻後腳明顯沒有知覺，根本站不起來，然後醫生試著把小米酒的後腳掌往後彎，正常情況下，小米酒應該會把腳掌縮回來踩在地上，但牠的腳仍然文風不動，就停在原本醫生擺放的奇怪位置。最後醫生用鉗子夾了一下小米酒的後腳掌心和腳趾，這回牠似乎終於有點感覺了，後腳稍微縮了一下。

　　檢測過後，醫生推斷應是神經受到壓迫，所以造成後半身失去知覺，也就是癱瘓，最常見的原因，可能就是椎間盤問題，但是若要確切的診斷，最好是透過更精密的儀器檢查，於是他建議我們立刻轉往另一間有相關設備的大型動物醫院。

　　接下來又是令人倍感煎熬的等待和檢查過程，尤其當小米酒被單獨帶進了診療室，我們只能在外面守候時，不時聽到小米酒的慘叫聲，恨不得馬上衝進去一探究竟，醫生大概從玻璃窗看到我一臉焦急的模樣，擔心下一秒我就會忍不住破門而入，於是趕

緊請助理出來向我說明解釋。原來為了瞭解小米酒的後腳是否還有痛覺反應，所以才不得不做這樣的檢查，能聽到牠慘叫，表示情況比較樂觀，要我們放心。

等到檢驗報告出來時，已經是下午三、四點了，醫生診斷結果，小米酒是罹患胸腰椎的椎間盤突出，而且是介於第三到第四級間的嚴重等級，也就是無法行走但仍有深層痛覺的程度，不過也不排除隨時有更加惡化的可能，因此最好能盡快接受治療。

據瞭解，椎間盤突出的治療可以分成內科和外科療法，內科是利用給予類固醇或止痛藥的藥物，加上嚴格限制運動的方式，盡可能減少活動時對脊椎造成更嚴重的傷害，因此除了上廁所和吃飯之外，都必須在籠子內休息，經過大約四到六周的時間，才能夠慢慢復原。

只不過這種治療方式是針對仍舊能夠行走，但會有疼痛感的第一級和第二級程度，而更為嚴重的小米酒，因為神經已受到顯著的壓迫，需要進行脊髓減壓手術，才有機會恢復行走能力，但除了手術有較高的風險外，不像我們有健保補助的毛小孩，手術的費用自然很可觀，因此醫生要我們回去考慮一下，但希望能盡快做決定，因為治療時間拖延得愈久，治癒的機會也隨之降低。

聽到這裡，我二話不說，顧不得和家人討論商量，就請醫師安排盡早動手術的時間，無奈隔天正好是周休假日，醫生說最快也得等到下周一，因此這兩天就只能讓牠先服用藥物和限制行動，正好還可以趁這段時間再做考慮。

當天下了班的男友立刻趕來看望小米酒，在瞭解牠的情況後，他毫不猶豫就跟我說：「帶小米酒去做手術吧！牠的醫療費妳不用擔心，我來負責。」雖然在他還沒開口前，我就已經決定要幫小米酒做手術，畢竟牠已經失去了雙眼，我又怎麼忍心讓看不見的牠，連行走的能力也被剝奪呢？在聽到男友這麼說的時候，我心裡真的很感動，也默默對自己說：「我果然沒有看錯人，這個有愛心又願意承擔的男人，我賴定了！」

　　為了不讓小米酒四處走動，我們特別用圍欄限制牠的行動，但或許是沒有關籠的經驗，小米酒顯得非常不安，不時躁動的用前腳抓圍欄，還拖著身體想要「越獄」。看到這情況，我和男友都很擔心兩天後才能進行手術的小米酒，怎麼可能乖乖在圍欄中度過這幾天？於是我們四處打聽到不少狗友推薦的一家治療椎間盤突出經驗豐富的動物醫院，趕緊打電話預約看診，醫生一聽到小米酒後腳已經癱瘓，立刻同意我們掛急診，於是當天晚上我們又帶著小米酒三度趕往醫院。

　　抵達那家動物醫院時，已經是晚上十點多了，想不到的是，醫院裡居然還有四、五隻狗在等著看診，而且有一半以上都是臘腸狗。在等待的過程中，我們和隔壁也來看診的狗主人聊了起來。他飼養的臘腸狗大概在半年前，因為從沙發上跳下來，突然尖叫一聲，兩隻後腳從此就再也站不起來了。當時他帶著癱瘓的狗狗四處看醫生，也嘗試了許多治療方式，像是藥物、電療、針灸、水療都試過了，但可能因為狗狗的年紀本來就滿大了，所以

復原情況不如預期，最後他還是考慮幫狗狗動手術一途。他說當初因為手術費用昂貴，又擔心有風險，所以想先試試比較溫和的治療方式，結果半年來花了不少錢，狗狗也受了很多罪，讓他有些自責。

在我看來，他是個負責任的好主人，會想盡辦法要治好他的狗狗，而那時醫院當中，另一位狗主人在聽到狗狗因癱瘓需要動手術時，他立刻便問醫生，能不能幫狗狗安樂死？即使醫生告訴他，立刻安排手術的話，復原機會可高達九成，但他最後卻沒有多說什麼，只是抱起了一動也不能動的狗狗離開了，雖然不知道那毛孩子最後的命運會如何，也或許那位飼主真的有經濟上的壓力，但看著躺在他懷中的孩子，睜著圓滾滾的大眼一直盯著主人的無辜模樣，如果牠聽得懂主人所說的話，不知道會有多難過。

這時醫生叫喚著小米酒的名字，正好把我從傷感的情緒中救了出來。醫生看著早上拍的X光片，又一次詳細的解說了小米酒的病情，像小米酒這樣的臘腸狗，原本就因為身體特別長，脊椎的負擔也比一般狗狗來得大，加上以往總是愛跳上跳下的壞習慣，讓傷害更如同雪上加霜，因此造成牠的腰椎有多處狹窄問題，醫生更指著其中一處特別明顯的白影，解釋應該是此處的椎間盤破裂壓到了神經，必須以手術清除突出的椎間盤物質。不過小米酒當時已經八歲了，復原能力可能會比年輕的狗狗來得慢，如果能夠盡量爭取在四十八小時內的治療黃金期，愈早動手術，恢復的機率也愈高，於是他幫我們排定第二天就進行手術。

經過這一整天的折騰，看得出小米酒辛苦又疲累，但回到家，即使行動再不便，牠也堅持要拖著身體到廁所大小便，為了不讓牠憋尿，我們每隔一段時間，就會把牠抱進廁所，就算生病，小米酒也依然是個守規矩的乖孩子。

　　為了讓小米酒能好好休息，那天晚上我特別在圍欄旁邊打地鋪，讓牠可以聞到我的味道，知道我一直陪在牠身旁，牠也會比較安心，雖然那夜心神不寧的我，整夜睡睡醒醒，但幸好小米酒倒是一覺到天明，不愧是個勇敢的小鬥士，任何苦難都擊敗不了牠！

　　第二天一早，我就帶著小米酒到動物醫院報到，因為在手術前還要先做個核磁共振攝影（MRI），讓醫生可以更明確掌握椎間盤突出的情況和位置。經過大約兩個小時的手術過程，醫生趁著等待小米酒麻醉甦醒時，告訴了我們一個好消息和壞消息，好消息是這次的手術很順利，只要好好照料和耐心復健，應該就能恢復行走能力；壞消息是小米酒其實有多處椎間盤狹窄的情況，但考量到牠的身體負荷能力，手術最多只能進行三到四節的椎間盤治療，所以日後的照料也要小心翼翼，盡量避免復發的可能。

　　手術後，其實才是復健之路的開始。因為之前在醫院親眼看到剛做完手術，麻藥退去後的狗狗，就立刻站起來走動的例子，所以在小米酒回家後一、兩個星期，後腳似乎還是沒有什麼知覺，讓我實在有些擔憂，醫生告訴我，每隻狗狗的復原速度都不太一樣，曾經有一隻狗狗，做完手術花了三年時間才重新站起

「小米酒」開刀實錄

麻醉

剃毛

觸診

順利完成
手術

來，所以叫我不用太心急，只要積極的幫小米酒做好每天的復健功課，相信再給牠一點時間，小米酒一定能再次站起來。

　　復原的期間，也要注意避免小米酒的後腳肌肉萎縮，除了幫助牠練習走路外，每天還要幫牠按摩、熱敷，促進血液循環。懂得享受的小米酒對於按摩和熱敷很是欣然接受，一到了按摩時間，牠就會自動躺好，還會爽到打呼，有時我的手一停下來，牠還會立刻抬頭抗議，露出一臉「快繼續，不要停啊！」的表情。

　　好不容易熬到了第三個星期，小米酒開始會搖尾巴了，後腳也慢慢能夠站立起來，雖然還顯得有些軟弱無力，走路不太穩，好像喝醉酒一樣搖頭擺尾，但看得出大有進展，我心頭的大石此刻才終於能夠放下了。

　　那一刻，我開心的抱著牠說：「太好了，等妳痊癒以後，我們又可以再一起去旅行，繼續妳最愛的玩樂生活！」

摘除還是裝義眼，虐心的抉擇

自從小米酒罹患白內障以後，大約每隔三個月就要定期到醫院報到，追蹤檢查眼睛的情況，但是就在做完椎間盤手術後，才過了不到半年安穩省心的日子，牠的眼睛又出現突發狀況。原本白內障消失的那眼，變得像金魚眼一樣突出。

醫生檢查時發現，是因為水晶體移位造成眼球內房水排出受阻，簡單來說，就像是一條水管阻塞，使得水流不通，於是無法排出的液體就會累積或回流，造成眼球內的壓力不斷升高，而正常的眼壓一般介於十至二十毫米汞柱，但小米酒當時的眼壓已高達三十二毫米汞柱，如果是人類的話，會出現眼睛極度疼痛、視線模糊、頭痛欲裂、噁心嘔吐的症狀，同樣的，小米酒也一定會感到非常不舒服，而醫生的建議，是為牠做「眼球摘除手術」。

即使之前早就已經知道，遲早有一天得面對這個問題，但恐怕時間再怎麼久，永遠也無法做好足夠的心理準備，一聽到這樣的判決，我還是忍不住紅了眼眶，心裡不斷埋怨著小米酒，到底還要我為牠掉多少眼淚呢？

除了為小米酒又要再一次歷經重大手術的折磨感到心疼不已，也忍不住想到，就算很久以前醫生已經說過，牠的視力會逐漸退化到完全看不見，但從牠的行為舉止表現，總讓我們樂觀的

看著小米酒帶著笑容向
我跑來，就是最好的暖
心劑。

相信，牠其實還保有一絲絲的視力，即使再模糊，牠的眼中還是能看得到我們，看得到這個美麗的世界，但是從今往後，兩個水汪汪的眼睛被摘掉的小米酒，又將變成什麼模樣？

該面對的想躲也躲不掉，醫生也很清楚做這樣的決定，對每一位毛小孩的把拔、馬麻而言，內心必然很是煎熬。他告訴我們，其實還可以考慮幫小米酒裝上「義眼」，這樣牠看起來就會很正常，在我們看到牠的時候，應該也比較不會那麼難過。

聽到醫生這個建議，雖然內心很清楚，裝上了「義眼」，小米酒看不見的事實也不會改變，而當小米酒變得不再一樣時，我對牠的愛會減少嗎？答案肯定是「並不會」！但是我的確仍閃過一絲的心動和猶豫，因為外表看起來正常的小米酒，確實很可愛，每次帶牠出門，總會吸引很多陌生人跑來摸摸牠、誇讚牠，讓身為馬麻的我，嘴角總是忍不住得意上揚，可是以後別人看到小米酒，會有怎樣的反應呢？我這才驚訝的發現，自己竟是如此在意別人的眼光。

在分別瞭解了眼球摘除和人工義眼置換手術的過程和術後照顧之後，兩者最大的差異，就是眼球摘除手術顧名思義是將整個眼球構造取出後，直接做縫合，因此在眼窩處會產生凹陷，而置換義眼則會保留眼球最外層的角膜，如果角膜有受到嚴重損傷，也無法進行這項手術，同時術後要小心照顧好角膜，否則一旦角膜損傷無法治癒時，還是需要再次做摘除手術。

一想到看不見的小米酒，很有可能因為不小心的碰撞意外而

使角膜受傷，或是日後又免不了擔心併發其他的眼睛疾病，加上年紀愈來愈大，哪裡禁得起一而再、再而三的手術風險，不用多想，選擇眼球摘除手術對牠來說，才是最適合牠且一勞永逸的方式，就算別人投以異樣的眼光又如何？

　　話雖如此，在做手術之前，我還是忍不住上網搜尋了不少有關做過眼球摘除手術後的狗狗照片，想給自己先做好心理建設，想不到，一點用處都沒有！當醫生抱著眼睛剛縫合完的小米酒出來時，問了我一句：「妳還能夠承受吧？」為牠感到萬分心痛的我完全說不出一句話，又是爆哭了好大一回。

　　其實，真心感謝醫生高超的縫合技術，讓痊癒後的小米酒一樣魅力不減，如果沒有注意，甚至有不少人根本看不出牠的「與眾不同」。如果硬要說這個手術的好處，應該就是在牠洗澡的時候，再也不用擔心泡沫和水會流到牠的眼睛裡，能有這樣的想法，是不是夠樂天呢？

　　那是因為養了如此多災多難的小米酒，不學著樂觀以對的話，日子要怎麼過下去呢？更何況，身為苦主的小米酒不也是這樣關關難過，關關給牠闖過了嗎？再說牠都這麼勇敢了，做馬麻的哪裡能比牠還遜呢！

驚聲尖叫，再次癱瘓的噩夢來襲

　　自從小米酒歷經癱瘓的磨難，即便開完刀也恢復了行走能力，但我們始終不敢忘記醫生當初的告誡，因為牠仍然存在著椎間盤狹窄的問題，所以自此之後，小米酒就成為名副其實的「掌上明珠」，時常被我們小心翼翼的捧著、抱著，不讓牠上下樓梯、亂跑亂跳，小米酒似乎也很習慣這種養尊處優的生活，遇到樓梯就會自動停下來等人來抱牠。

　　但是，令我們害怕的這一天竟然再次降臨……。平時不隨便吠叫的小米酒，有一天突然放聲哀號，淒厲的叫聲把大家都嚇壞了，就連家中另外兩隻對凡事都顯得漠不關心的貓貓們，都一臉驚慌的跑到小米酒面前一探究竟。

　　小米酒一動也不動的坐著，莫非一年前癱瘓的噩夢又將再次上演？叫喚了牠幾次，還是沒有反應，我正準備拿出存款簿，看看還夠不夠錢可以幫牠動手術時，小米酒緩緩站了起來，但是姿勢有些怪異。牠的背部微微拱起，好像用慢動作在走路，而且走沒兩步又坐了下來，以我這樣緊張多疑的個性，不馬上帶牠去看醫生，肯定會心神不寧，什麼事都別想做了。於是我認命的拿出了牠的提籃，帶著小米酒再度前往動物醫院報到。

　　照了 X 光，做了幾個檢查，付出一張「小朋友」（千元鈔

票）的代價，證實果然又是椎間盤的問題作祟，所幸醫生說這次比較不嚴重，用藥物治療再關籠休息，應該兩個星期左右可以痊癒。他還提醒我，秋冬季是椎間盤突出的好發季節，因為天氣寒冷會使血液循環變差，肌肉也容易變得緊繃，會使得椎間盤內的壓力增加，小米酒才會痛得哇哇大叫。

記得上次小米酒癱瘓，也正好是一波寒流來襲時，所以醫生叮囑我，除了秋冬季節要幫小米酒做好保暖外，平時最好能補充一些脊椎保健品，預防和緩解疼痛發炎的症狀，還有很重要但卻很困難的一點，就是要控制體重，畢竟愈肥胖，對牠的脊椎負擔也愈大。

由於小米酒的脊椎有問題，所以不適合靠增加運動量減肥，只能從減少熱量的攝取下手，偏偏美食又是小米酒的最愛，牠曾經有一段嚴格執行節食的時期，不但整天悶悶不樂、鬱鬱寡歡不說，還化身「活體吸塵器」，連地上的灰塵毛髮和散落在貓砂盆周圍的砂子，都被牠舔得一乾二淨，甚至趁人一不注意，就鑽進貓砂盆裡吃……這樣誇張的行為，被不明就裡的人看了，說不定還會以為我是在虐狗，害牠餓到吃「土」呢！

我也曾一度替牠換成低卡的減肥飼料，但挑食的大小姐非常不滿意，寧可餓到吐胃酸，也要絕食抗議，最後只好為牠洗手做羹湯，用鮮食來控制熱量，盡量選擇有飽足感又熱量不高的食材，還能兼顧美味，小米酒這才買單。經過了好幾個月來的努力，我才把牠的體重控制在尚可接受的最高頂限，一方面也是考

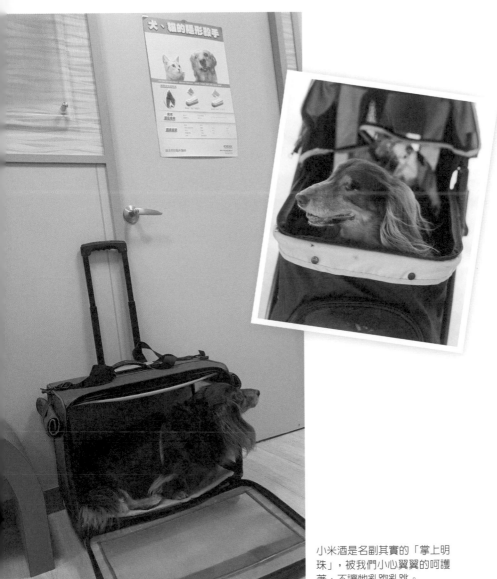

小米酒是名副其實的「掌上明珠」，被我們小心翼翼的呵護著，不讓牠亂跑亂跳。

慮牠年事已高，醫生認為不需要刻意去維持標準體重，只要體重不再繼續增加，盡可能減輕脊椎的負擔就好。

　　為了可以讓小米酒在神不知鬼不覺的情況下少吃點零食，我不得不要些小心機，例如以前一次會給牠嗑掉一整片的雞肉乾，現在都會被我剪成小小碎片，就算一次給牠三、四片，也等於是不到之前三分之一的分量，而且我會分別藏在家裡的各個角落，讓看不見的小米酒靠著嗅覺慢慢尋找，為了吃幾片小小的雞肉乾，就可以讓牠花上好一段時間，邊聞邊走順便做復健，是不是一舉數得？

不論生活苦不苦，
照樣立志當公主

雖然小米酒歷經這麼多病痛的磨難，但從不影響牠對於生活的享樂堅持，特別是眼睛看不見，容易缺乏安全感，所以牠非常黏人，最好時時刻刻有人陪在身旁，才會讓牠感到安心，因此馬麻也盡可能的寵著牠、慣著牠，當然也因而養成了牠的公主病。

比鬧鐘還準時，
吃飯時間一到，就會馬上來提醒你

小米酒的作息很規律，讓人懷疑牠的身體裡是不是藏有時鐘，牠每天早上八點半會自動起床，只要牠一睡醒，我就休想繼續賴床，因為小米酒會想盡辦法叫我起來餵牠吃東西。但是有禮貌的小米酒可不是放聲汪汪大叫，而是用牠那粗壯的小短手抓抓床沿，就像是發出敲門聲一樣，溫柔的把我從睡夢中喚醒。

只不過我通常也不會甘願馬上起身，而是叫牠：「去睡覺！」有趣的是，小米酒是個指令控，只要聽到指令，牠一定會乖乖服從，於是，下一秒牠會立刻趴在床邊，大約安靜個兩、三分鐘。沒錯！兩、三分鐘後，小米酒會再來抓一次床⋯⋯，就這樣，每天早上我們家一定會上演個三、五回「叫床攻防戰」的戲

碼，直到我投降起身，小米酒才會轉身前往廚房等待牠的早餐。

　　傍晚六點鐘，又到了小米酒的晚餐時間，於是同樣的戲碼又會再次上演……。

不但是個挑剔的美食家，
吃完飯還一定要給零食獎勵

　　在我開始嘗試為小米酒做料理和修讀寵物營養課程前，小米酒主要吃的是飼料，想想，每天吃的都是同樣味道的東西，光是想像，自己都覺得很膩，我們聰明的小公主當然也是這麼想的，所以牠很快就開始學著絕食抗議。

小米酒的撒嬌功一流，讓人無法招架，只能奉上牠愛吃的零食。

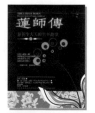

不只小確幸，
還要小確「善」！

**每天做一點點好事，溫暖別人，
更為自己帶來365天全年無休的好運！**

作者／奧莉·瓦巴（Orly Wahba）
譯者／林資香　定價460元

**你所做的每一件善行，
都將以意想不到的幸運方式回到你身上！**

從老師、家長到CEO，每個人都說──
書裡的小善行是如此簡單，影響卻是莫名強大！

【好評推薦】

林冠廷／台客劇場導演、淨灘之善發起人　老余的金融筆記／財經專家、金牌投顧

書中分享了12種主題的365個日常善行與心靈處方，伴隨著鼓舞人心的引言，你可以依序進行，或者任意翻頁；你可以進行認為最有意義的善行，或也可以將這本書當成日常事務，即使只是時不時地拿起來看看都好。

當孩子長大卻不「成人」……

**接受孩子不如期望的事實、放下身為父母
的自責與內疚，重拾自己的中老後人生！**

作者／珍·亞當斯博士（Jane Adams, Ph. D）
譯者／祁怡瑋　定價380元

終於有一本書，是為啃老兒女的頭痛父母而寫！
或許父母與孩子對彼此都曾滿懷期待卻又希望落空，
但即使在最壞的時候，也有成長的機會。
【專家同感·懇切推薦】丘引、黃惠萱

本書道盡那些深藏父母心中想說又不敢說的真話，讓為人父母者明白為什麼應該慈愛但堅決地與成年兒女劃清界線、協助大孩子自助！唯有如此，兩代人才能重拾自己的人生，並支持彼此對幸福的追求。

1

小米酒公主出遊

上網看到飼主們的經驗分享，有不少人說狗狗如果拒吃碗裡的東西，立刻就把它收走，等下一餐狗狗餓了就會乖乖吃飯，這樣很快就能把牠挑食的毛病改過來。想不到意志堅決的小米酒，竟然餓到即使吐胃酸也不肯妥協，於是只好採取第二招：在飼料裡加些水煮肉，增加誘人的香氣，結果這招很快又被牠破解了，小米酒居然把肉挑出來吃光光，留下一大碗飼料就走了。氣得馬麻忍不住口出惡言，揚言要把牠丟到街上去做浪浪，嘗嘗吃不飽的苦日子……事實證明，打罵教育果然是行不通的，以獎勵代替責罰才最有用。

　　結果最有效的一招，就是小米酒吃完飼料後，立刻送上牠最喜歡的零食作為獎勵，即使現在小米酒已改吃鮮食，每餐都會大口大口開心的把食物吃光光，這個習慣還是一直延續到現在，只要牠一吃完飯，就像是做了多乖、多了不起的事一樣，得意洋洋地跑來領獎賞，而且不給零食就會一直勾勾纏，絕不善罷甘休。

靈敏的「關鍵字搜尋器」

　　或許為了彌補視力的不足，小米酒的聽力非常敏銳，加上牠又是個享樂派，吃喝玩樂的相關詞彙學習力特別強，活脫脫是個靈敏的「關鍵字搜尋器」，別看牠上一秒還在呼呼大睡，但只要一說出「散步」、「吃飯」、「零食」等關鍵字，下一秒牠立刻就能起身就定位。

　　沒有打算帶牠出門的時候，還得躡手躡腳溜出去，連拿鑰匙的聲音都不能被牠聽到，否則牠就會一個轉身跑到大門口上演「肉身擋門」的戲碼，全身癱軟外加肚子朝天的躺在門邊，讓你連門都開不了，是不是耍賴無極限？

　　但隨著小米酒的年紀愈來愈大，牠的聽力和嗅覺似乎也愈來愈差，現在出門時，只要開個電視或收音機，就能輕易用「環境音」騙過牠，有時回到家，牠都還安安穩穩的睡在原來的位置呢！

最怕「聽」恐怖片，一開演便會立刻起身離開

　　看恐怖片可說是我日常最愛的休閒喜好之一，尤其演到緊張的情節時，情不自禁的放聲大叫真是一件很紓壓的事，但這卻讓小米酒非常不以為然，在幾次被我突如其來的尖叫聲嚇過之後，有經驗的牠，現在只要聽到疑似恐怖片的音效開始播放，平常總跟在身邊黏稠稠的牠，就會立刻自動起身走進房間避難。

　　除了害怕「聽」恐怖片之外，小米酒也很怕打雷和鞭炮聲，每次一聽到就會立刻跑來討抱抱，一副十分害怕柔弱的模樣。直到有一天，正好牠在享用雞肉乾時，外面突然響起一陣鞭炮聲，但小米酒卻仍舊老神在在啃著美味的雞肉乾，這才露了餡，原來美食當前，牠就能無所畏懼啊！

2
小米酒公主出遊

天后級排場，絕不自己上下樓梯

　　小米酒一流的「偽視力」，常讓第一次見到牠的人，很難立刻就能察覺出牠原來看不見。像是出去散步時，除了走路的速度稍慢了些之外，牠的行為和其他狗狗並沒有太大差別，因為鼻子就是牠的導盲杖。在前進時，牠會靠著鼻子去探索地形，當前面有障礙物時，我會提前跟牠說：「小心！」小米酒就會立刻放慢腳步，用鼻子去觸碰障礙物的位置，然後繞道而行。

　　最有趣的是，小米酒一旦鼻子碰不到前方的地面，就絕不會貿然前行，所以遇到階梯時，牠就會停下來，等著身為僕人的我為牠服務，把牠抱起來上下樓梯，十足的天后架式。

　　其實除了眼睛看不見，上下樓梯不方便之外，像小米酒這種身形較長、腿短短的狗狗，如臘腸、柯基這類犬種，也最好避免做上下樓梯、跳躍、站立等動作，否則對牠們的脊椎會造成的壓迫和傷害很大，小米酒正因為這樣，曾經一度癱瘓過……。

會用「自動倒地」、「翻肚投降」等萌死人的幻術操控人手

　　凡是摸過小米酒的人，通常都會不由自主的停不下來，因為牠有一系列的招數，可以讓人「停不了手」。

　　首先牠會熱情的湊到你懷裡，用舌頭舔舔你，向你示好，之

後再用鼻子頂你的手，引導你開始摸牠，等到時機對了，牠就會順勢倒下，開始翻肚搖尾巴，這時大家一定會被催眠似的發出驚呼聲：「好可愛喔！」然後更賣力的為牠按摩，這就是小米酒的最終目的。

自從家裡養了貓貓之後，小米酒開始有了爭寵的危機感，只要發現貓貓一撒嬌，牠就會趕緊湊上前來，用鼻子把貓貓頂飛，以確保牠的地位始終不敗！（殊不知，馬麻其實是一手摸牠，另一手偷偷摸著貓貓，這樣才公平嘛～呵呵……）

萌萌的笑容，讓我心甘情願為小米酒公主服務。

Part 3

台灣第一隻「全盲狗醫生」
正式執業

一句「是我就丟掉牠！」
激發出成為狗醫生的鬥志

以前從來沒有想過，養了一隻雙眼看不見、腿不能跑的毛小孩，不只照顧的過程辛苦，還會面對許多外界異樣的眼光和無情言語的打擊。

像是小米酒因為椎間盤突出，醫生嚴重警告萬萬不能讓牠再做上下樓梯和跳躍的動作，而且抱牠的姿勢也要正確，必須以兩手平托住牠的前後腳，盡量讓牠的身體維持水平。所以每次出門，一遇到樓梯，就得把牠抱起來，經常抱上抱下的結果，就是讓我練出了兩隻粗壯的手臂（小米酒的 OS：明明是自己胖，還硬要牽拖我……）。

為了能更加方便帶小米酒出門，牠的外出工具也隨著身形的發展變化，從提籃換成拖車，最近更升級為推車，因為如果用提籃提著十公斤的牠，不到幾分鐘，我的手就有脫臼甚至廢掉的危險。有輪子的拖車輕便多了，但就像個行李箱一樣密不透氣，尤其是夏天，小米酒待在裡面，就像在蒸氣室一樣熱呼呼，很是折磨，所以幾番掙扎之後，最後還是換成了推車。甚至為了在騎單車時也能輕鬆帶著牠，特別買了一台造型獨特的大籃車！

只不過一開始，我還滿抗拒用推車帶小狗出門，因為曾聽到不理解的人說：「狗又不是嬰兒，幹嘛把牠放在推車裡？」如果

小米酒雖然看不見，但是牠很勇敢、樂
觀、熱情和善良，渾身充滿正能量的特
質，或許成為狗醫生正是牠的使命。

可以，我當然也很希望小米酒可以跟在我們身旁自在的跑跳，坐在車子裡被推著走，像是限制了牠的行動自由，但是對於不能夠走太多路的小米酒來說，我相信任何人看過牠坐在推車上那樣開心的神情，就會明白了，因為有了推車，牠就可以繼續跟著我們去任何想要去的地方。後來，在小米酒當上狗醫生之後，推車也成了牠服務時的最佳小幫手。

在小米酒當上狗醫生之後，推車也成了牠服務時的最佳小幫手。

眼睛縫合的傷口，花了大概半年以上的時間，才逐漸變得自然。

　　動完眼球摘除手術後，小米酒的外貌有了很明顯的改變，特別是眼睛縫合的傷口，花了大概半年以上的時間，才逐漸變得自然。在那之前，小米酒走在路上時，看到牠的路人回頭率幾乎百分百，甚至有個年輕人，在經過小米酒身邊時，竟然露出怪模怪

樣的表情對著牠大叫：「妖怪！」當時我真的很想轉身對他說：「會做出這麼不禮貌和醜陋舉動的你，才是妖怪吧！」可惜俗辣的我，也只敢在心裡咒罵他。但從那個時候開始，我漸漸學會了不再介意別人的眼光，只要有時間，就會帶著小米酒上山下海，珍惜和牠在一起的每一刻，把握每個和牠共度的美好回憶才是最重要的。

　　有一天，我帶著小米酒去買東西，離開前，和我們早已熟識的商店老闆娘貼心的叮嚀：「過馬路要小心喔！要保護好牠喔！」一旁的婦人非常不以為然的說：「狗都會自己過馬路啦！又不是小孩，還要保護牠？」老闆娘仔細解釋是因為小米酒眼睛看不見的緣故，想不到婦人居然理直氣壯的說：「蛤？幹嘛養一隻瞎子狗啊？一點用都沒有！是我就乾脆丟掉牠。」我聽了非常震驚，實在難以理解竟然有人能夠這麼理所當然說出如此不負責任的話，怪不得街頭會有這麼多被人棄養的流浪狗。

　　剛巧過了幾天，我正好看到一則新聞報導，介紹國外有一隻天生就沒有眼睛的盲犬，後來成為狗醫生，撫慰了許多醫院和養老院病患的故事。這則報導讓我覺得很感動，沒錯！小米酒雖然看不見，但是牠很勇敢、樂觀、熱情和善良，渾身充滿正能量的特質，或許成為狗醫生正是牠的使命，相信牠一樣也能去幫助別人，因為就算小米酒什麼都不做，只要有牠在身邊，就能讓人感覺很快樂，我不就是每天都因為小米酒的療癒魔力，而過得開開心心的最佳範例嗎？

狗醫生大使們。

67

 ## 人類最忠實的陪伴者和療癒者

原來，台灣也有一群狗醫生大使，這些狗醫生們會定期到醫院、老人養護中心、特殊教育中心進行義務性質的探訪服務，服務內容可分為「陪伴活動」及「復健治療」。其中，「陪伴活動」

常與動物保持親密的接觸，
對病人的生理和心理都有一
定的幫助。

是藉由狗狗的陪伴與和狗狗的互動，讓服務對象感覺到被關懷和
溫暖，而「復健治療」則是配合復健師的療程設計，例如透過丟
球、梳毛、撫摸狗兒、牽狗兒散步等活動，增加服務對象自發性
地進行局部或全身肢體度活動的意願，或是以狗兒為話題，引導
服務對象進行對話交流，藉此刺激強化口語、記憶、識別等能
力。簡單來說，就是在可愛的狗狗陪伴下，使得原本辛苦、乏味

的復健訓練變得活潑有趣，讓病患願意開開心心做復健。

　　而且目前有不少關於這類「動物輔助活動和治療」的研究證明，常與動物保持親密的接觸，對病人的生理和心理都有一定的幫助，甚至有實際的數據顯示，長期與動物接觸的病人，平均血壓、膽固醇含量及罹患心臟病的機會，都會比沒有接觸的病人來得低。

　　還有許多疾病是因為心理影響生理所導致，而和動物相處有助於舒緩壓力、自我放鬆，便可以減低這類疾病的罹患機率，原來平時不常生病的我，其實並非是身強體健，而是因為身邊就有好幾位了不起的動物醫生守護著我啊！

　　不過，要領到醫療犬執照、成為正式的狗醫生，可不容易！必須經過一連串非常嚴謹的規定流程，這是因為狗醫生所服務的對象，通常是虛弱無力的病患、老人家和兒童，因此必須是穩定度高、不具有攻擊性，最好還是充分社會化的狗狗才能勝任。

　　有意願讓狗狗成為狗醫生的飼主，可以到台灣狗醫生協會報名和上課，狗狗必須經過寵物登記、晶片植入及健康檢查，並且在飼主的陪同下，接受一系列的訓練及社會化課程，等到飼主和狗兒之間培養出穩定的信任關係後，還要參加「狗醫生篩選測驗」。通過測驗之後的飼主，接下來需要完成八小時的動物輔助治療基礎課程及實習，最後，飼主與狗狗才能夠正式加入服務團隊，之後每年仍需要再透過定期評估，確認能力及狀況達到標準，才能繼續下一年的服務工作。

為了保護自己，也為了造福人群

我必須坦承，從小就不愛讀書的我，一聽到要成為狗醫生，不只要去上課，而且還要考試，加上小米酒又看不見，心裡不免感到猶豫，很懷疑我們有可能通過測驗嗎？於是上網查了一下狗醫生的考試內容：

（一）狗狗與飼主的信任關係、飼主對模擬環境的應對反應。

（二）狗狗外觀清潔與基本服從訓練要求。包含：坐下、趴下、遠距離等待、off、呸等。

（三）狗狗社會化表現，包含人群干擾、肢體碰觸反應、聲音干擾。

嗯，第一項和第三項看起來對小米酒來說，應該都不成問題，第二項的坐下、趴下和遠距離等待，以前就教過小米酒，對牠這個指令控來說，這一類的口令總是一學就會，但是「off」和「呸」是什麼啊？

原來這兩個指令是為了保護狗狗避免接觸到危險的物品，或是誤食到不能吃下肚的東西，特別是到醫療院所服務的狗醫生，萬一不小心把掉在地上的藥物吃下去，就有可能因此而危害到牠

們的健康，所以學會這兩個指令非常重要。我覺得其實不只是將來要成為狗醫生的狗狗得要學會，所有的毛小孩都該好好學會。

例如「off」，就是教導狗狗一聽到這個口令時，會馬上離開牠原本要接近的東西。訓練的內容是手拿著零食，當狗狗靠近準備要吃的時候，一說「off」，牠就會把頭撇開不吃，甚至還會往後退幾步，直到聽見「OK」的口令時，狗狗才會把零食吃掉。而「呸」的困難度則更高了，是當狗狗一聽到這個口令時，就會自動把原本咬在嘴裡的食物立刻毫不猶豫乖乖吐出來。

看到這裡，相信很多飼主一定會大喊：「哪有可能!?」在上課之前，我也非常篤定的認為，貪吃的小米酒鐵定學不會，想叫牠把已經吃進嘴裡的東西乖乖交出來，豈不等於是要牠的命？但我很認同必須讓小米酒學會這兩個指令的重要性，因為無論將來成為狗醫生與否，這都可以保護好牠的安全，所以光是為了這個理由，我也非常樂意帶小米酒去上課。

狗醫生的課程班

- **基礎班**——學習與狗狗建立良好的互動信任關係，並且透過狗狗肢體動作的觀察和瞭解，學習如何幫助牠改善且重新建立良好的行為模式。
- **中級班**——為基礎班課程的延伸。飼主會在課程中更瞭解狗狗的個性和狀況，學習到如何能讓狗狗在各種環境中表現得更穩定，彼此的默契也會更好。
- **高級班**——加強飼主的訓練技巧，讓狗狗在不同的環境與干擾下，也能夠完成訓練，其中也包括社會化的強化練習。

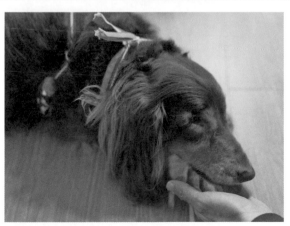

「呸」和「off」的學習
指令對於毛小孩的安全
來說，非常重要。

絕無僅有，台灣史上第一狗

　　報名狗醫生的課程之前，我特地打電話給狗醫生協會，詢問有關像小米酒這樣看不見的狀況，能不能夠成為狗醫生？結果得到的答覆是，目前協會裡並沒有全盲的狗醫生服務經驗，再加上因為是團體課程，沒有辦法配合牠的特殊情況進行教學，所以恐怕無法接受小米酒的報名申請。但我還是不死心的繼續問道：「那如果是一對一的課程呢？訓練師就可以單獨教導小米酒了吧？」於是協會的人員同意幫我代為詢問，如果有訓練師願意幫小米酒上課，應該就不成問題。

　　經過幾個小時的等待，我的心裡一直七上八下，愈發覺得這麼久都沒有回音，是不是找不到能夠幫小米酒上課的訓練師？終於，好不容易接到狗醫生協會的通知，我可以帶小米酒去上課了！

　　第一堂課程開始前，訓練師先詢問我帶小米酒上課的動機為何，因為並非只有想要成為狗醫生才能來上課，像是對於狗狗的飼養和行為方面有任何問題，都可以請訓練師協助解決。當訓練師得知我就是希望小米酒能成為狗醫生之後，他解釋一般成為狗醫生的正常流程必須完成初、中、高三階段的課程，最後經過訓練師的同意，才能報名考試，而一對一的課程只有六堂課，在六

堂課結束後，如果他認為小米酒符合考試資格，會再請協會另一位訓練師評估，兩位訓練師都同意後才能參加報考。

在上課的過程中，我才瞭解到，其實訓練師主要教導的對象並非只有狗狗，飼主本身也很重要，因為狗狗有許多行為反應其實是飼主所造成的，像是缺乏安全感的狗狗，就容易叫個不停，或是對於任何聲響都顯得很敏感、神經質，這時如果飼主只會大聲喝斥，情況通常只會愈來愈糟糕，因此要先找出讓狗狗不安的原因，給予牠充分的安全感，通常狗狗就會變得穩定，而懂得以鼓勵代替責罵和懲罰，狗狗的表現也會愈來愈好。

原來我常常抱著小米酒，一邊摸牠，一邊誇張的說牠好乖、好可愛、好聰明……就是在無形中施展讓牠變得乖巧的魔法啊！

每一次上課，訓練師會先驗收上一堂課所教的內容，確保我們有真正學習吸收和落實，才會再做新的訓練，但因為只有短短的六堂課，為了能學到更多東西，所以每次回家後，我和小米酒就會很認真的反覆練習。

只能說，小米酒絕對是個既會玩樂、學習能力又強的資優生，很多口令只教個兩、三遍，牠就能半牢記住了，而且有零食作為獎勵，讓牠很喜歡接受訓練，果然為了美食，什麼困難都阻擋不了牠。

 看似阻礙的缺陷，
竟是成就狗醫生的特質？

　　在狗醫生的課程中，最讓我驚奇的，當然還是「off」和
「呸」的訓練。「off」是把零食拿在手上，當狗狗靠近時，喊出
「off」的口令，並且不讓狗狗把零食吃掉，如果牠有乖乖遵守，
就要好好稱讚牠，等到說「OK」的時候，才表示牠可以吃掉手

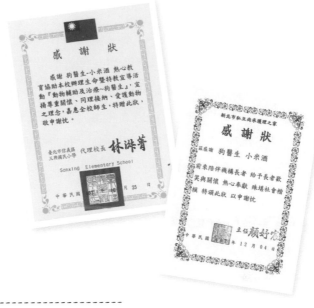

小米酒的溫暖和熱情能帶給
小朋友快樂與自信。

上的零食。

　　剛開始訓練的時候，我把零食握在手中，小米酒一聞到香氣，很開心的自動湊上前來，於是我喊了一聲「off」，不明就裡的小米酒，正試圖要把手中的零食搶走，於是我一邊阻止牠，同時又再喊了一次口令。顯得有些疑惑的小米酒，停止了想要搶走零食的動作，可能正在納悶馬麻為什麼不把零食給牠，這時訓練師趕緊提醒我要稱讚小米酒，因為牠有做到我要求的指令（雖然看起來只是個巧合，哈哈……）。

即使沒有順利吃到零食，但是一聽到我說：「好乖～」，小米酒便馬上開心的直搖尾巴。既然有個好的開始，我趕緊繼續反覆練習，經過三、四次的訓練之後，聰明的小米酒很快就掌握到要訣，一聽到「off」，牠就會把頭轉走，等聽到「OK」的口令，才趨前將零食吃掉。練習到後來，有時零食拿出來，小米酒甚至還會先習慣性的等著聽口令，才決定吃或不吃（真是個重度指令控無誤……）。

學會了「off」之後，接下來終於到了重頭戲──我最想要學習的「呸」指令。在上課前，訓練師要我先準備五種等級的零食，分別是小米酒無法抗拒、超級最愛的第一等級，到聊勝於無的第五等級零食種類。

訓練的方式就是先餵給狗狗第五等級的零食，當牠含在口中、喊出「呸」的同時，立刻拿出第四等級、也就是更吸引牠的零食來跟牠口中的零食做交換，為了吃到更喜歡的零食，通常狗狗就會自動將口中的食物吐出來。然後不斷用這樣以牠更喜歡的零食交換牠口中食物的方式，練習到最後，只要一喊「呸」，狗狗會習慣性的把嘴裡的東西吐出來，就表示成功了。

聽起來好像不難，但問題是……只要是零食，小米酒沒有不愛的啊！要我如何分五種等級？訓練師會心一笑的說，那就以香味和體積來區分好了，第一級是香味最濃郁的，第五級選體積大一點，讓牠沒有辦法一口就吞下去的，通常大家練習時最常使用的，就是得啃上老半天的牛皮骨。

　　只不過，小米酒平時最愛的消遣，就是啃硬邦邦的東西，無論是豬大骨還是牛皮骨，一下子就會被牠的一口「伶牙俐齒」啃得精光。曾經有一次我擔心豬大骨太硬，啃久了會造成牠的牙齒損傷，想將骨頭從牠嘴裡拿走，結果向來溫和的小米酒竟然發出生氣的低吼聲，只為了一根骨頭就跟馬麻翻臉⁉這件事害我傷心了好久。訓練師告訴我，學習「呸」這個指令，就是教導狗狗主動把不能吃的東西吐掉，這樣飼主也不會因為硬要把牠口中的東西搶走，而引發牠們護食的危險行為。

　　第一次練習時，小米酒一得到牛皮骨，立刻不顧形象，大口啃咬起來，對於「呸」的口令和放在牠面前的起司脆餅根本視若無睹（其實牠真的是看不見啊……所以放在牠面前當然沒有用！）於是我們改變策略，一喊出口令的同時，就立刻把香噴噴的零食湊到牠的鼻子和嘴巴前。這次小米酒果然有反應了，如預期的把口中的牛皮骨吐掉，馬上改吃嘴前的零食，但吃完的下一秒，牠立刻又回頭尋找剛吐掉的牛皮骨。為了不要引發牠認為我們的舉動是想要搶走牛皮骨的聯想，第二次的練習，我們丟了一把零食在地上，趁牠四處搜括的時候，再把牛皮骨收走，這一回，小米酒對於牛皮骨的專注力已經沒有這麼強烈了。

　　想不到才進行第三次的練習，牛皮骨一給牠，還沒有喊出「呸」的口令，牠就已經把牛皮骨先吐了出來，這時訓練師要我等一下才喊口令，小米酒等了一會兒，看我們沒有任何反應，於是又開始啃起牛皮骨，直到牠啃到忘我時，訓練師說可以下指令

因為擁有充分的安全感，小米酒的個性穩定又溫和，很容易成為大家的好朋友。

了，一聽到「呸」的同時，小米酒立刻就吐出了牛皮骨，迫不及待搜尋起地上的零食。訓練師告訴我，這只算成功了一半，因為接下來的零食誘惑力更大，若能練習到連牠最愛的第一級美味零食都能夠從口中順利吐出，才算真正的成功。

　　經過六堂課的學習和訓練過程，訓練師與我分享他的教學感想時說：「我原以為小米酒的眼睛看不見，在學習上或多或少會造成一些阻礙，但應該是馬麻平常就給了牠很充足的安全感，所以小米酒的個性才會這麼穩定和自信心十足。想不到的是，這個看不見的缺陷，反而讓牠更加有專注力，對於任何口令都很敏銳，聽過很快就能牢牢記住，所以之後只要平時在家多做練習，我相信考試對牠來說不成問題。」

　　得到了應考資格的小米酒，接下來就是要在距離考試日期的兩個月內，認真練習學到的每個指令，只要通過這最後的關卡，小米酒就能真正成為狗醫生了！可是我怎麼覺得這比以前自己念書時，面對升學考試還要緊張啊!?

抱著考大學般的緊張心情，
參加狗醫生認證

　　好不容易度過考前兩個月忐忑不安的日子，到了考試日當天，雖然下午才要應考，但我還是起了個大早，抓緊時間帶著小米酒做最後的練習，真的和我考大學時的心情沒兩樣，只是這次的應考主角是小米酒，而我只是牠的搭檔兼助理。

　　整個考試的過程分成幾個關卡，其實大約不到二十分鐘就結束了，考場中除了考官之外，還有一群志工會模擬狗醫生在服務時可能遇到的各種狀況，但小米酒因為只有上過一對一的課程，所以向來只有和我及訓練師兩人一起練習的經驗，第一次遇到這麼大陣仗的場面，讓我不免感到緊張，很擔心牠會不會因為不適應而表現失常。這時，我突然想起狗醫生應考須知上有項特別的叮嚀：記住，您的情緒狗兒完全知道，若您能保持平常心，用愉悅而輕鬆的方式面對認證，將有助於您的狗兒有正常水準以上的表現。

　　我正準備深吸一口氣，好好調整一下緊張的情緒，心裡告誡著自己：「我可不能成為小米酒的豬隊友！」這時眼角的餘光正好瞄到一旁的小米酒，牠一進教室，就開啟了嗅聞模式，忘情的探索這個環境，如同平常上課時的反應一樣，當鼻子碰到人，便開心的搖著尾巴打招呼，志工們馬上被牠的熱情所感染，忍不住

彎下腰摸摸牠，看來無論是一個人還是數十個人，小米酒都有辦法 Hold 得住，現場的氣氛也瞬間被牠搞得歡娛熱絡起來。

幾乎和在場的所有人都打過一輪招呼後，終於正式開始考試，各種與人互動的關卡，例如任由陌生人摸摸抱抱，甚至突如其來的觸碰動作，對於善於交際的小米酒來說，一點都不成問題，還乾脆肚子一翻，直接仰躺在地上，一副樂在其中的模樣。

最後來到了驗收「off」和「吓」的指令項目。第一次測驗，考官拿著零食放在小米酒面前說可以吃，於是我喊出了「OK」的指令，小米酒一聽到，立刻就把考官手中的零食吃掉，第二次同樣是「OK」，所以牠照樣吃得很開心，但到了第三次，考官要我下「off」的指令了，意猶未盡的小米酒，竟然在我還來不及下指令前，便將考官剛拿到牠面前的零食瞬間秒殺，讓原本還以為一切都很順利的我，掛在臉上的笑容瞬間凝結，考官趕

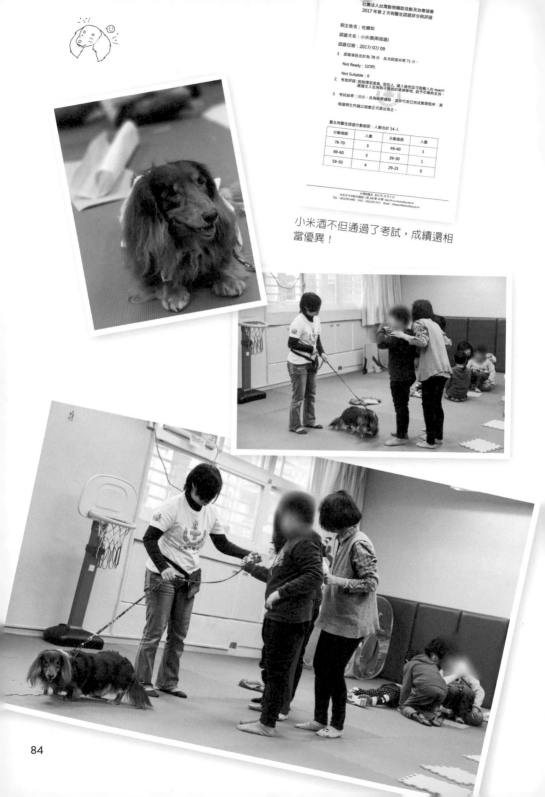

社團法人台灣動物輔助活動及治療協會
2017 年第 2 次狗醫生認證評分與評語

飼主姓名：杜蘭如

認證犬名：小米酒(新認證)

認證日期：2017/07/09

1. 認證項目合計為 78 分，此次認證共得 71 分。

   Not Ready：1(Off)

   Not Suitable：0

2. 考官評語：狗狗穩定親善，信任人，讓人愉悅而可和藹人的 team！
   認證主人在狗狗不熟悉的環境幫忙，給予引導與支持。

3. 考試結果：通過，此為結果通知，並非代表已完成實習程序，實
   格證明文件請以協會正式提出為主。

狗生狗醫生認證分數組距：人數合計 14 人

分數組距	人數	分數組距	人數
78-70	3	49-40	3
69-60	3	39-30	1
59-50	4	29-25	0

小米酒不但通過了考試，成績還相當優異！

緊安慰我說：「沒關係，可以再試一次。」但食髓知味的小米酒還是不聽指令，再度把零食嗑掉，也頓時把我通過下一關的信心徹底擊潰。

　　神奇的是，來到「呸」的指令檢測時，小米酒不知道為何又突然回過神，當考官把一根牛皮骨拿給小米酒，牠一含在口中，等我喊了一聲「呸」，便立刻吐了出來，配合得天衣無縫，幾乎零時差，考官要我再試一次，牠還是同樣很聽話，讓我不禁在心中歡呼：「小米酒終於敗部復活了！」

　　這次陪著小米酒一起考試，就像是在坐雲霄飛車，讓人時而開心時而緊張，雖然感覺小米酒的表現應該還不錯，但我身為牠的搭檔兼助理，對於自己的表現卻反而沒什麼信心，生怕是我拖累了牠，所以能不能夠考得上狗醫生，在沒有拿到成績之前，還是很難說得準，在等待放榜的那兩個星期，我的心情只有八個字可以形容：既期待，又怕受傷害……。

燦爛的笑容，就是最佳良藥！

到各個機構服務時，經常會遇到其他的狗醫生夥伴，每隻狗醫生個個身懷絕技，有的會鞠躬敬禮，還有的會踢球投籃，而小米酒唯一會的才藝除了坐下、趴下外，就只有握手了，但牠的小短腿即使用盡洪荒之力舉起來，大概離地也只有三、五公分高，實在讓人難以輕易察覺，所以剛開始和其他的狗醫生一起到機構服務時，我都會覺得有些汗顏，感覺小米酒好像沒有什麼太大的作為。

不過當我們一走進醫療院所或是養護中心立刻就會發現，氣氛馬上變得不一樣，原本寧靜無聲的病房，紛紛傳出了熱絡的招呼聲，看到生病的爺爺、奶奶們臉上所展露的笑容，我想，其實根本不需要小米酒做些什麼，牠的探訪和陪伴對於爺爺奶奶來說，就是最好的安慰劑了吧！

還記得有一次，小米酒坐著推車到病床旁探視一位不良於行、臥病在床的奶奶，奶奶看見坐在推車上的小米酒，一臉驚奇的問：「狗狗怎麼也要坐輪椅啊？」我向奶奶解釋：「因為小米酒的眼睛看不見，走路不太方便，這樣推著牠出去比較安全。」奶奶繼續問道：「那牠會喜歡嗎？」我回答：「很喜歡啊！奶奶妳看牠是不是笑得很開心？」一旁的護理人員聽到，趕緊跟著搭

每次服務時，小米酒都會露出牠的燦爛招牌笑容。

腔說：「對呀！妳可以問問小米酒，坐輪椅是不是很舒服？或者下次妳們一起坐輪椅去樓下曬太陽好不好？」奶奶想了想，伸手摸了摸小米酒的頭說：「嗯！下次妳來的時候，如果天氣不錯，我們就一起去樓下走走。」

原來奶奶長時間躺在病床上，之前護理人員想帶她到戶外曬曬太陽，但不良於行的奶奶卻很排斥坐輪椅，勸了她好幾次都沒用，想不到坐在推車上的小米酒，竟然不費吹灰之力就輕易說服了奶奶，毛小孩的療癒魔力果然不同凡響！

除了到養護中心探望爺爺奶奶，小米酒每隔兩個星期，還會

到一所國小的特教班陪孩子們上課，記得牠第一次走進教室的時候，小朋友們個個睜大了眼睛，有些對牠感到十分好奇卻不敢靠近，還有的小朋友則是顯得害怕不已。歷經一年多的相處時光，現在小米酒來上課時，小朋友們不但會興奮的跑到教室門口迎接牠，還會爭相呼喚著小米酒的名字，熱情的和牠打招呼。

其中，有幾位小朋友的改變令我印象深刻且十分感動：

那是一位發展遲緩的小朋友，平時他十分內向，不太愛說話，尤其對於陌生人的反應更是冷淡，我第一次和他打招呼時，就被他當成了空氣，彷彿看不到我，完全不理睬我，更不會回應我，但他卻對小米酒非常感興趣。

從我們一走進教室，他的眼神始終沒有從小米酒身上離開過，而且每次老師問到有誰要和小米酒互動時，他總是第一個舉手，並且很努力地用

自己所知道的詞彙和小米酒溝通。經過幾堂課之後，每次下課時，他都會主動跑到我面前跟我說：「小……米酒……馬麻，下……下次……要……要來……喔！」就連老師也感到驚訝不已的是，原本一整句話都難以完整表達的他，在學期結束前的最後一堂課，居然能夠把一整本的故事書念給小米酒聽，在小米酒的面前，他就和一般的孩子一樣，臉上掛著自信的笑容。

還有一位小朋友，對於喜歡的事物，會顯得特別激動和興奮，例如他很喜歡小動物，一看見可愛的貓貓狗狗就會開心的放聲尖叫，然後衝上前想要緊緊抱住牠們，但這樣的舉動很容易讓小動物受到驚嚇，加上他不懂得控制力道，一個不小心，就有可能使小動物受傷，或遭到驚嚇過度的小動物攻擊，聽說他家養的狗，每次一看見他，就會嚇得立刻躲到桌子底下。

當他第一次看見小米酒時，就是一邊尖叫，一邊朝著小米酒衝過來，反應極快的老師立刻一把抱住了他，而一點也不知道發生什麼情況的小米酒，則是一派輕鬆朝著聲音的來源搖著尾巴，只當是有人很歡迎牠，在和牠打招呼。

老師先是安撫激動的小朋友，等他稍微冷靜下來之後，才帶著他接近小米酒，一邊跟他說：「你看，小米酒是不是很溫柔？所以你也要很溫柔的對待牠，這樣小米酒就會很喜歡和你做朋友喔！」同時用手引導小朋友，輕輕摸著小米酒。很快的，小朋友亢奮的情緒便和緩了下來，一整堂課他都不曾大聲尖叫。

後來小米酒每次來上課，他都會很快的跑上前，但在距離小

米酒大約三、五步的地方突然停止，再緩緩走過來，然後蹲下來給小米酒一個大大的擁抱，這時小米酒也會輕輕舔他作爲回應。由此可見，不需要言語的交流，兩個截然不同的生命體也有辦法發展出深厚的情誼。

爲了讓更多的人認識狗醫生，以實際行動支持狗醫生協會或是加入狗醫生的行列，小米酒的其中一項任務，就是到各大學校、公司機構進行狗醫生宣導活動。每次最常被大家問道：「狗也能當醫生？牠是幫狗治病，還是幫人治病？牠們要怎麼治病？」還有一次更讓我哭笑不得的，是有人問我：「狗醫生就是導盲犬嗎？但小米酒眼睛看不見也能做導盲犬喔？」看來雖然台灣狗醫生協會成立已經快二十年，但我們得要更加努力做宣導，才能讓狗醫生被一般的大眾所知道和認識。

在帶著小米酒從事狗醫生志工服務的這段時間，雖然付出了不少心力和時間，但也獲得了更多深刻的感受和體悟。尤其是親眼見證到在小米酒的陪伴下，能讓長期受到疾病所苦的病人，暫時忘卻身體上的病痛展露出久違的笑顏，或是原本個性封閉、缺乏信心的孩子，願意敞開心胸，變得活潑開朗，而這是以我一個人的能力難以做到的事，因此我非常爲小米酒感到驕傲。牠憑著自己的力量，證明了即使身體有殘缺，也一樣能有所作爲，甚至才服務了不過兩年的時間，但牠所得到的感謝狀和卡片，竟比我有生以來所拿到的獎狀還要多，實在令我自嘆不如。

狗醫生一日出勤實錄

1 服務前一天，要記得先洗香香，好好「sedo」（梳妝打扮）一番。

2 服務時的道具不能少，像是狗醫生的獎勵零食和水，還有各種復健道具：梳子、湯匙、圈圈、治療衣、長短牽繩、毛巾等。

3 服務時要穿上值勤制服。

約一個小時的服務內容包括：狗醫生宣導活動；到醫院或老人養護中心，協助病患或長者進行復健治療、床邊探視陪伴；到特殊教育中心，陪伴特教班的孩童學習、伴讀和復健治療。

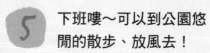

5 下班嘍～可以到公園悠閒的散步、放風去！

Part 4

不只照顧人，還照顧動物

 # 新朋友初相見，看不見卻聞得到

　　在得知小米酒罹患 PRA 之後，曾有網友建議，不妨再養一隻狗狗給小米酒作伴，就像是牠的導盲犬一般，成為小米酒的眼睛，為小米酒指引方向，兩隻狗還可以相互依賴。聽起來似乎很理想化，但我想了許久，先不說兩隻狗狗的個性合不合得來，光

是出門的時候，如果把兩隻狗綁在一起，對於視力正常的狗狗來說，原本可以自由自在的奔跑，但拖著眼睛看不見的小米酒，不是反而會變成彼此的負擔嗎？於是，我打消了這個念頭，導盲的工作還是交給我比較靠譜！

只不過，小米酒也沒有孤單太久，在牠六歲那年，家中一下子增加了兩位新成員，給平時養尊處優慣了的小米酒，帶來許多挑戰和考驗……

一個再平常不過的早晨，我突然接到男友打來的電話，他說在工作途中，遇到一位貨車司機一臉焦慮的站在貨車旁，貨車司機看到我男友正在路旁等人，立刻走上前詢問他：「我剛剛在貨車上發現兩隻小貓，看起來好像剛出生沒多久，但母貓不知去向，我又要趕著去送貨，不知道該怎麼辦……」

　　於是男友便打給我，我聽了馬上跟他說：「你在哪裡？我去接小貓！」他問我：「妳要養喔？」當下我沒有多想，只想先把牠們帶回來安置，就回答他：「到時再幫牠們找個好人家。」但是當男友將兩團比手掌還小的毛球放到我手中時，我就知道自己的理智已慢慢開始瓦解。

回家前，我先帶著兩隻小奶貓到動物醫院做個簡單的健康檢查，獸醫說牠們應該才剛出生沒多久，不過身體狀況和活力還算不錯，但他也特別提醒我，飼養這麼幼小的奶貓不容易，尤其是沒有機會喝到母乳的牠們，通常抵抗力會比較弱一些。

此外，除了要注意幫牠們保暖，還得每隔二到三個小時就要餵奶一次。還有，奶貓因為還不會自主排泄，也必須定時以柔軟的布或濕紙巾輕輕擦拭牠們的屁屁，就像是模擬母貓在舔舐幼貓一般，才能刺激牠們排泄，可想而知，代理媽媽的工作肯定一點也不輕鬆。

之後，我立刻轉往寵物店，買了動物專用的營養奶粉和奶瓶，在此也要順便提醒大家，千萬不要隨便餵毛小孩們喝牛奶，因為牛奶中的乳糖含量很高，尤其是幼犬或幼貓，容易因為無法消化而導致腹瀉。

帶著兩個小傢伙回到家時，聞聲而來的小米酒抬著頭，四處狂嗅著這股陌生的氣味，因為這是小米酒第一次如此近距離與貓咪接觸，一方面不知道牠的反應會是如何，同時又擔心牠一個不小心會害脆弱的奶貓們受傷，所以暫時把裝著奶貓的箱子放在小米酒搆不著的桌子上。想不到牠竟然不死心，不斷又站又跳想搞清楚這個會發出怪聲的箱子裡裝的究竟是何物，看得我膽戰心驚，生怕小米酒不小心傷到脊椎，於是我輕輕將紙箱放到牠的面前。

小米酒好奇地一直湊上前細細聞著兩隻奶貓，我則緊張的用手擋在牠們之間，想不到眼睛還未睜開的小奶貓，似乎也感應到了小米酒，自動朝著牠的方向爬過去。

　　看到兩方都想突破我的防護線靠近彼此的身邊，我將手收了回來，小奶貓不停發出高分貝的「喵～嗚～」呼叫聲，小米酒則輕柔地舔拭著牠們做為回應，看到小米酒和兩隻奶貓如此相處融洽，我終於放下心中一顆大石。

任性小公主化身超有愛保母

家裡一下子多了兩隻小奶貓後，讓我意想不到的是，從來沒有當過媽媽的小米酒，竟出於本能的照顧起小奶貓，每當我餵完小奶貓後，小米酒就會主動舔拭牠們，幫助牠們排泄，而小米酒只要一離開奶貓們，牠們也會像是急著找媽媽似的大聲呼叫，直到小米酒再度回牠們的身邊。

有一天，我看到小貓竟然在吸吮小米酒的乳頭，而小米酒就像個慈愛的媽媽，任由奶貓們在牠的懷中任性妄為，最神奇的是，沒有懷孕的小米酒竟然乳頭開始發紅腫脹，還分泌出像乳汁一樣的白色液體。

以往小米酒只要有任何異狀，就會緊張的第一時間衝去動物醫院的我，看到這樣的情況，當然二話不說便立刻帶著牠去看獸醫。在瞭解來龍去脈之後，獸醫告訴我這是假懷孕的徵兆，應該是小貓將小米酒當成了媽媽，因而引發小米酒的母性，使得牠體內的荷爾蒙產生變化，於是乳腺受到刺激開始分泌乳汁。

不過只要注意預防乳腺炎的發生，一般假懷孕的症狀不需要特別治療，一段時間後便會自行解除，但建議最好還是為小米酒結紮，可以預防日後因荷爾蒙影響或生殖系統可能發生的各種疾病，像是子宮蓄膿、卵巢發炎、乳房腫瘤等。

老實說，自從知道小米酒罹患 PRA 後，我就決定為牠結紮，不希望有更多像小米酒一樣看不見的 PRA 寶寶來到這個世界，但一想到要讓牠動手術，又覺得很捨不得，所以一直拖著，竟然一轉眼，小米酒都已經邁入大齡熟女的年紀。其實趁著年輕健康的時候動手術，風險較低，復原力也比較好，為了牠日後的健康著想，我實在不該再猶豫不決，於是我下定決心，等牠假懷孕的症狀解除，身體恢復正常後，就到醫院做結紮手術。

　　回去後，我想方設法阻擋小貓吸吮小米酒的乳頭，避免一再激發小米酒的母性，可是對小貓又感覺於心不忍，好像剝奪了牠們享受母愛的溫暖。

　　幸好我的工作可以大部分時間都在家裡完成，所以除了不得不出門的時候，我幾乎時時刻刻陪在牠們身邊。

　　寫稿的時候，牠們就睡在我的腿上，還會不時用兩隻前腳的小爪子很有節奏地搓揉著我的肚子，這種像是貓咪在揉麵團般的動作稱為「踩奶」，是貓咪在吸吮母貓的奶水時，為了刺激母貓的乳腺流出更多奶水所產生的一種行為，聽說這個舉動會帶給牠們滿足和愉悅，而我也非常享受這樣舒服的按摩服務。

　　小貓即使被餵飽了，也會不時吸吮症發作，這時牠們就會開始四處游移，尋找合適的目標下「口」，為了不讓小米酒成為牠們的目標，我只好獻出自己的雙手，任由兩隻小貓奮力的吸吮著我的手臂、虎口還有手指，那種感覺還挺……難以形容的，有點酥酥麻麻又刺刺癢癢的，總之我很「甲意」（喜歡），我發現被貓貓們吸吮，可是有很好的助眠功效呢！

　　幾周後，小米酒的假懷孕症狀終於完全解除了，我趕緊帶牠去結紮，原以為手術完成的幾天內，牠都會無精打采、缺乏食欲，想不到回來後只昏睡了一個晚上，第二天就生龍活虎，除了因為戴著預防舔舐傷口的頭套讓牠的行動有些受限外，一切看來都很正常，只能說動物的復原能力真的很驚人。

地位動搖危機，展開爭權攻防戰！

　　一開始我將兩隻小奶貓帶回家，其實並沒有想太多，只想到如果任憑沒有媽媽照顧、保護的牠們流落在外，很可能凶多吉少，所以第一時間先把牠們帶回來暫時安置再說。萬萬想不到，從來沒有養貓經驗的我，竟然就在毫無任何心理準備的情況下，從此成為了牠們的媽媽。

　　不得不說，動物很可愛，動物寶寶更是可愛得不得了！讓我不由得懷念起小米酒小時候的呆萌模樣，但是要照顧這麼小的奶貓實在非常辛苦，每天不分白天晚上，每二到四個小時就要定時餵奶一次，還要幫牠們把屎把尿，所以在牠們斷奶前的一個半月裡，我幾乎都是掛著兩個熊貓眼，天天睡不飽，對牠們的情感卻是隨著一天天的相處而快速滋長，於是兩隻小貓就這麼自然而然成為我們家中的成員。

　　只不過起初並沒有打算收編這兩隻小奶貓，因此也沒有刻意為牠們取名字，直到其中一隻白色奶貓的眼睛有點感染症狀到醫院就醫，助理小姐要填寫病歷資料時，問到小貓的名字，才臨時隨便取了一個「小惡魔」。因為牠比另一隻奶貓更頑皮好動，才剛學會爬行就四處亂竄，原本兩隻貓一起窩在紙箱中，但總是一個轉身，回頭就只剩另一隻三花奶貓乖乖在睡覺，而牠卻不知去

向，非得讓人到處翻箱倒櫃好一會兒，才終於發現牠塞在某個角落當中有時還沾得滿身灰，儼然是在提醒我沒有把屋子徹底打掃乾淨，也可能就是因為這樣，才害牠感染上眼疾。幸好並不嚴重，及早治療很快就痊癒了。既然牠叫作「小惡魔」，那乖巧的小花貓自然順理成章就叫作「小天使」嘍！

然而這兩個名字後來也只限於到醫院報到時使用，一方面覺得念起來既拗口又彆扭，所以在家時也很少這樣叫牠們，何況兩隻貓對於自己的名字一點反應也沒有，另一方面是小貓們本來就很有個性，想叫也叫不來，自己願意來才會來，因此之後就乾脆以毛色為名，改叫「小白貓」和「小花貓」了（自己都覺得我真是個不用心的馬麻……）。

養了貓之後，發現貓和狗的個性還真是大不同，小白貓和小花貓除了不像小米酒一樣熱情，一聽到召喚聲，就會馬上搖著尾巴、興高采烈地衝過來之外，還有牠們倆平時很喜歡站在窗邊看

不同於貓的孤傲，小米酒很樂意跟我參加活動，以及和人群接觸。

風景，每次看牠們聚精會神望著窗外的模樣，就覺得把兩隻貓關在家裡很可憐，心想牠們應該也和小米酒一樣喜歡出去放風，於是等到小白貓和小花貓打完預防針之後（因為醫生建議小貓打完預防針，有充足的防護力後，再與外界接觸比較不容易生病），便嘗試帶牠們到住家頂樓的空中花園走走。

　　結果小花貓一到戶外便嚇得直接趴在草地上一動也不動，小白貓則一頭就想鑽進陰暗的排水溝裡，幸好我事前有為牠綁上牽繩才阻止得了牠，之後又接連試了兩、三次都失敗，證明對牠們而言，待在家欣賞窗外的風景，遠比到外面探索愜意自在得多。於是，我想帶著一狗二貓一同出遊的念頭也就此打消。

　　不過這兩隻貓在外雖然膽小如鼠,但在家裡可就成了小霸王,即使以前一度把小米酒當成媽媽,可長大了以後,非但完全不把小米酒放在眼裡,還會經常捉弄牠。

　　例如平常總是叫都叫不來,可是當小米酒躺在我懷裡撒嬌,一看到我們倆正上演你儂我儂戲碼的小白貓,就會立刻不甘寂寞地跑過來硬是要湊上一腳,不但擠到我們兩個之間,還一邊喵喵叫,一邊磨蹭我的手要我摸牠。這時不爽的小米酒便會不停扭動著自己碩大的身軀,試圖趕走小白貓。如果小白貓不願服輸並施以貓掌還擊,小米酒就會站起身,用牠的鼻子和頭用力一頂,瞬

間就能讓小白貓飛得老遠。

而小花貓則是最愛和小米酒玩「我偷你搶」的零食遊戲，每次小米酒吃完飯後，我就會給牠零食作為獎勵，小米酒因為看不見，得憑著嗅覺搜尋零食，但小花貓只要一看到我把零食丟出去，牠就會立刻跑到零食前守候。奇怪的是，牠的目的並不是要吃零食，而是等到小米酒好不容易快找到時，小花貓便會迅速叼起零食，跑到另一頭，等小米酒再次搜尋過來。就這樣反覆玩上好幾回合，直到小花貓覺得玩膩了，或是小米酒找到零食，而小花貓來不及叼走，這時牠會像小白貓的下場一樣，被小米酒給頂飛然後搶回零食，遊戲才終告結束。

頭一、兩次我會阻止小花貓的行為，覺得小米酒這樣被戲弄很可憐，可是後來我發現，這樣其實反而是在豐富小米酒的生活，上狗醫生的課程時，訓練師也教過我，與其直接把零食和玩具給小米酒，不如藏在家裡的各個角落，讓牠自己去搜尋，這對於眼睛看不見的小米酒來說，除了可以作為其他感官的敏銳度發展訓練外，還能豐富牠的生活，小花貓不就正是在幫助小米酒做這樣的事嗎？所以後來我就不再干涉牠們之間的這種遊戲。

我還是得承認，自從小白貓和小花貓闖進我的生活後，確實瓜分了不少我對小米酒全心全意的愛，尤其在牠們幼小的時候，

大部分的時間和心力都用在了照顧小貓們，只剩下帶著小米酒出外散步的時候，才是我們倆能靜靜共享獨處的時光。

　　我也承認自己很偏心，以往小米酒只有身體洗香香的頭兩、三天，我才會抱牠上床和我一起睡，可是小白貓和小花貓不但會自己跳上床，想趕也趕不走，加上牠們很會保持身體的清潔，所以我也就允許牠們隨時都能和我共享一張床。

　　但不愧是可愛又善良的小米酒，除了偶爾會吃一下飛醋，大部分的時候對於兩個妹妹還是極為包容，就連牠最愛的雞肉乾被小貓們搶去吃掉，牠也不會生氣，知道再來跟馬麻要就有了；睡墊被小貓占據了，牠也很認命地躺在一旁的地板上，於是心懷愧疚的我，只好再去買一個更大、更舒服的睡墊來補償牠。

　　雖然有時貓咪兩姐妹和小米酒彼此會打打鬧鬧，但大部分的時候都是和樂融融，讓身為馬麻的我感覺到能夠擁有牠們，真的是既幸福又幸運，因此我們這一家也稱得上是多元族群和睦相處的最佳典範！

又一隻小惡魔意外降臨， 平靜生活再掀波瀾

　　曾經聽人家說過，一旦養了貓，很容易就會愈養愈多，這個傳聞果然應驗到我們家。

　　還記得決定養小白貓和小花貓兩姐妹時，就完全沒有想要拆散牠們的念頭，那時很理所當然的認為，養一隻貓和養兩隻貓似

掰掰
（醜醜的台語發音）

乎沒什麼差別，或許是因爲牠們的身形不大，在家裡四處活動時，並不感覺占空間，最主要的是，牠們很會自理自己的生活，包括不用刻意教導訓練，就會自己到貓砂盆上廁所，每天還會把毛梳理得乾乾淨淨，就算很長一段時間沒有幫牠們洗澡，身上仍舊一點異味都沒有。

牠們想打發時間的時候，也會自己找樂子，就連追著尾巴繞圈圈如此無聊的遊戲，也能讓牠們玩上好一陣子，幾乎只有在牠們肚子餓、想討摸摸的時候，才會到我們的身邊打轉。

若要我形容養狗和養貓的最大差異，我覺得養狗就像是在照顧一個永遠長不大的小孩，而養貓則是和一位有點黏又不會太黏的室友一起過生活。

　　小白貓和小花貓不僅毛色、體型不一樣，個性也截然不同，小白貓雖然調皮卻又很膽小，家裡只要有生人造訪，牠立刻就會一溜煙躲得無影無蹤，而小花貓則是貪吃愛撒嬌，任何人想親近、摸摸牠，一律來者不拒，而牠們共同的最大優點，就是絕對不會對人張牙舞爪鬧脾氣。可能是眼睛還未睜開，就已跟我們一起生活的緣故，但我想最重要的，還是因為牠們在充滿愛的環境中長大，自然培養出和小米酒一樣善良溫順的性格。

　　兩姐妹從一出生就相偎相依，感情好得不得了，經常一起玩耍嬉戲，一起肩並肩坐著看窗外的風景，累了、冷了，就擠成一團相互取暖入眠，看到牠們這樣彼此陪伴、形影不離的幸福模樣，總讓我很是欣慰，慶幸自己當初沒有因做出錯誤的決定而拆散了牠們。

　　和一狗二貓同在屋簷下的快樂生活，一轉眼就過了六年，但緣分總是來得意外而令人措手不及。男友有一天心血來潮，說要約我去賞美景、喝咖啡，本來還想窩在家繼續當宅女的我，正準備要找個理由推辭，結果一轉頭看到窗外難得的好天氣，便臨時改變心意，爽快答應了他的邀約。

　　我們倆一手拿著咖啡，一邊悠閒地漫步在關渡橋下的自行車步道旁，忽然，遠處傳來一個依稀熟悉的聲音，直覺告訴我，那

是幼貓的叫聲，於是我拉著男友停下腳步，往橋下的草叢中努力搜尋，過了一會兒，男友跟我說：「聲音好像不是在地面上，而是來自空中，會不會是妳聽錯了，其實是鳥叫聲？」我再仔細聽了聽，不會錯，是貓叫聲！更何況對動物頗有研究的我，怎麼可能會傻傻分不清鳥叫聲和貓叫聲？可是聲音的來源，好像確實是從半空中傳來的，附近也正好有不少鳥兒在飛來飛去，正當我感到困惑不已時，男友突然指著遠處橋墩上方的一個小洞問我說：「妳看那個洞口，是不是有個東西在動來動去？」

那麼遠的距離！這可考倒我這個重度近視了，於是我把眼睛瞇了又瞇，想要看得更仔細。在模糊的視線中，好像真有個小點點不停在洞口邊晃來晃去，聲音似乎也正是從那裡傳來的。可是那隻小貓是怎麼跑到橋墩下的？而且那個洞口的下方，就是湍急的河水，萬一牠一個不小心掉了下去……光是想像就讓我頭皮直發麻。

實在想不到辦法的我們，決定打給動保處尋求援助，得到的答覆是：有可能只是母貓暫時出去覓食，如果我們輕易靠近，也許反倒會嚇跑了母貓，所以要我們先觀察個兩、三天，如果到時小貓還是持續不停在呼叫，再想辦法救援。聽了動保處人員的建議後，我們決定先坐在橋下觀察，經過了大約兩個小時，期間小貓仍斷斷續續傳來呼叫聲，但這時天色已暗，我們也只好先行離開，回去想想拯救備案。

半夜十二點多，我躺在床上輾轉難眠，擔心著小貓的情況，

想著想著，男友打電話給我，說他因為擔心小貓，所以又回到了橋下，立刻就聽到小貓仍不停地叫著，於是我請他來接我，我們先在便利商店買了貓罐頭和水帶過去。

還沒有靠近橋墩，就能清晰聽到小貓的哭聲不斷迴盪在寧靜的夜裡，一想到若是牠真的被貓媽媽遺棄了，在那樣的高空中，沒有食物和飲水，一隻孤單的幼貓要如何生存？不禁讓我的心也跟著懸在半空中。

男友觀察了一會兒，發現橋上有個梯子應該可以通往橋墩，於是我們一起走上橋，但是當我們往梯子的下方看去時，只見一片漆黑，男友叫我在橋上等他，他一個人下去就好，當時說不害怕是騙人的，但我實在不想讓男友單獨冒險，於是鼓起勇氣，堅持要和他一起帶著罐頭和飲水爬下橋墩。

在黑暗中，果然有個小小的身影，但牠躲藏在橋墩密密麻麻的管線中不願靠近，束手無策的我們，只好留下罐頭和飲水，希望牠能先飽餐一頓，明天再想辦法救牠。

第二天終於透過網路，找到一位有經驗的浪貓志工，向她借了誘捕籠趕到橋下，確定仍舊能聽到小貓的哭泣聲，判斷應該是被母貓遺棄的孩子無誤，於是我和男友再次帶著誘捕籠爬下橋墩，但小貓害怕的跑開了，叫聲也愈來愈遙遠，似乎逃到橋的另一頭去了。不免感到有些沮喪的我們設好了誘捕籠，接下來只能等待和向老天祈求，盼望這個小生命能平安獲救。

第三天清晨天還沒亮，我和男友就迫不及待趕往橋墩一探究

竟。感謝老天爺！誘捕籠中眞的出現了一個小小身影。爲了安全起見，第一時間還是先帶往動物醫院，檢查一下牠的身體狀況。

醫生判斷這隻幼貓大約一個月大左右，檢查牠的糞便時，發現裡面有不少沙子，可能是餓了太久，所以才會把沙子吃下肚，讓人聽了好不忍。

幸好除此之外，小貓的健康大致良好，醫生在給牠服用驅蟲藥後，特別交代要先與家中的動物隔離，因爲牠的身上看來有不少跳蚤，或許還有寄生蟲，要等到兩個月大過後，做過進一步的檢查和施打預防針之後，才能和其他毛孩做近距離的接觸。

剛一踏進家門，小米酒、小白貓和小花貓立刻就發覺有異樣，全都湊上前來，我趕緊將裝有小貓的提籃放在陽台，先在家裡設置好一個隔離區，才把小貓帶進來。小貓起初顯得有些怕生，會裝腔作勢對人哈氣，裝出一副凶狠的模樣，可是只要伸出手撫摸牠一會兒，牠那小小的身軀就會很誠實的靠過來討摸摸，至於被阻擋在隔離區外的一狗二貓，則好奇的一直守在圍欄外隨

時監控。

　　在養了兩隻貓咪姐妹花時，我對於把給予小米酒全心全意的關愛分享給牠們，一直感到有些愧疚，生怕對其中一個毛孩特別偏愛，不小心冷落了其他毛孩，所以當撿到這隻小貓時，我就決定要立刻幫牠找個好歸宿，趁著還沒有和牠建立起深厚的情感前趕快送出去。

　　我除了把這個消息告訴身邊的朋友，也在臉書 PO 文，原本還信心滿滿，認為這麼可愛的小貓，肯定很快就會有不少人想爭相收編，甚至天真的一度擔心，到時要怎麼幫牠從中挑選個最合適的家庭。想不到，一個星期……兩個星期……就這樣過去了，卻乏人問津（都怪我平常實在太宅，朋友也沒幾個），只有幾個好朋友在臉書上按了讚，誇讚小貓很活潑可愛，而隨著相處時間愈來愈長，我對小貓的愛已悄悄萌芽……

　　男友看我嘴上嚷嚷著說要找送養人，卻沒什麼實際作為，於是決定出手相助，輾轉透過朋友的臉書分享，總算找到有意願收養的一對夫妻，雖然有些捨不得，但也只好把電話告知對方，請他們和我聯繫。

　　在等待電話打來的那幾天，我的心情非常矛盾複雜，一方面希望小貓能找到幸福的歸宿，但又有些擔心對方是否能好好照顧、守護牠一輩子，還有一個很私心的原因，就是我已經對牠有些難以割捨，所以心裡不免偷偷期望著，這通電話乾脆別打來。

　　一個星期終於過去了，我如願沒有接到任何電話，於是我向

男友宣布，沒有人要養這隻小貓，看來我們只好自己扛起這個責任。為了讓男友更加心服口服，我告訴他：「如果那天不是你說要去賞景喝咖啡；不是你發現牠在橋墩上的洞口徘徊；不是你半夜放心不下再去看牠，還會有誰注意到牠？牠也可能早就餓死在那裡成為一堆白骨了，所以這一定是老天爺派給你的任務！但我願意幫你承擔，一起照顧牠。」無可反駁的男友只回了我一句：「我早就料到會是這樣的結果。」從此家裡又多了一枚小搗蛋。

這隻小傢伙長著一對不成比例的大耳朵，很有戲的杏桃眼，以及一身稀疏的毛髮，加上各種怪模怪樣的睡姿，於是我決定為牠取名「掰掰」（醜醜的台語發音），但是在我的心中，牠其實一點也不醜，反倒和這個有趣的名字一樣可愛，我知道愛心滿滿的小米酒，也一樣會接納和喜歡這個可愛的妹妹。

當掰掰結束了隔離期，做過檢查和打過疫苗後，終於可以和大家見面了，不意外的，小米酒是最早接納這個小妹妹的，幾個星期後，貓咪兩姐妹也終於認可牠為家中的一分子，知道三個姐姐都沒有威脅性的掰掰這才放下心房，開始牠的搗蛋生活……。

雖然取名「掰掰」，但不成比例的大耳朵配上杏桃眼，在我看來不但可愛而且有趣。

Part 5

中了「毛孩魔咒」，
心甘情願終生為奴

 群「毛」亂入的生活，
多半甜蜜，偶爾也令人抓狂

　　和毛小孩一起生活的最大樂趣，就是牠們總是能製造許多意外驚喜。當然，有的時候也可能是驚嚇。總之，會讓我們平凡無奇的生活變得多采多姿。

　　有時生活當中，難免遇到繁雜的瑣事和不愉快，但只要有毛小孩的陪伴，很快就會被牠們的天真無邪、單純可愛所感染，而

將這些煩心事拋諸於九霄雲外。當我們感到寂寞孤單的時候，牠們也是撫慰心靈的重要朋友及伴侶，無論心裡有任何想說的話或是秘密，都可以對著牠們暢所欲言，不用擔心牠們會和你唱反調或將秘密洩漏出去，所以家裡有毛小孩，就像有個家庭醫生般，時刻維護我們的身心健康。

　　總結來說，與一狗三貓一起共度的時光，大都充滿甜蜜快樂的記憶，但偶爾牠們還是會發生把家裡搞得天翻地覆的時候。好比說，小米酒和小掰掰對於衛生紙、面紙、餐巾紙之類的紙張，似乎有著不共戴天之仇，一旦被牠們倆發現，就一定會被碎屍萬

小米酒和小掰掰非常喜歡破壞紙張類的物品。

段，因此如果出門前沒有將那些東西收好，回來就要準備收拾一地的碎紙屑殘骸！

　　另一個則是許多貓奴應該也常會遇到的困擾，就是貓咪的嘔吐機制異常發達，像是腸道中累積了過多毛球、吃東西的速度太快、吃得太飽、食物難以消化、對食物過敏、剛吃飽飯就玩起追趕跑跳的激烈遊戲，當然也包括了腸胃道疾病或中毒等生病的時候，都有可能造成貓咪的嘔吐。

　　如果是吐在地板上還不打緊，清理乾淨就了事，但如果是吐在地毯、床墊、沙發類會吸水又難以清洗的布料上就麻煩了。更可怕的是，那些嘔吐物若在第一時間沒有被發現，直到已經乾成一大片污漬時才看到，那絕非一個「慘」字足以形容，遇到這樣的情況，即使平常再有修養，恐怕也會忍不住出口成「髒」。

無論購買任何家具，都要有被貓主子蹂躪摧殘的準備。

還有之前因為常搬家，所以很多家具都是挑選簡易式為主，光是防塵衣櫥外層的塑膠布套就被它們抓破了無數個，所幸不是很貴的東西，還不至於太心痛，但後來陸續添購了像是布料、皮革材質的座椅，都成為貓咪們磨爪用的時尚貓抓板。明明有特別為牠們買的專用貓抓板，卻被棄之如敝屣。

因此我在這裡要以過來人的身分奉勸各位貓奴，家裡如果想要添購任何「貴參參」的高級家具或生活用品時，最好請三思，因為貓主子們會施展毫不「爪」軟的摧毀行動，教育我們如何實踐簡約生活！

有一件事我一定要在此澄清。過去只有小米酒在家中獨霸的時候，我寫稿交稿的速度可是現在的好幾倍，因為只要照著小米酒的規律作息，固定餵牠吃

飯、陪牠散步，其他時間我都可以心無旁鶩地安心工作，所以交稿日向來只有提早沒有延遲。

　　但自從三隻貓陸續報到後，在牠們的強力干擾攻勢下，工作時間變得很瑣碎，尤其是牠們相互追逐嬉戲時，偌大的客廳、房間不去，特別喜歡在我的電腦桌上玩躲貓貓，三隻貓還會肆無忌憚地在電腦鍵盤上跑來跳去，如此矯健敏捷的身手，像我這樣反應遲鈍的人，怎麼可能會是牠們的對手，自然是攔也攔不住，因此我的文稿上常會被牠們按出許多錯字和亂碼符號，往往得重新花費好一番工夫仔細校對檢查。有幾次竟然更造成電腦當機，害我的心血化為烏有，氣得我直跳腳卻又拿牠們沒轍。

　　非得等牠們玩累了，安穩入睡時，我才能抓緊寶貴的空檔拚命趕稿，但在入睡前，黏人的小白貓又會吸吮症發作，必須吸我的手指頭解癮，直到倦意來襲時，我的手又成為了牠的枕頭，硬是要睡在電腦螢幕前，趕也趕不走。

　　我只好騰出一隻手給牠，用單手敲擊著鍵盤，不但打字速度慢上不少，還會不時被牠超萌的睡臉給吸引、迷惑住，傻傻看上個好半天，可想而知，工作效率自然大不如前，所以絕對不是我變得懶散，牠們才是害我拖稿的罪魁禍首！

為了愛，不只洗手做羹湯，更晉身為寵物營養師

　　自從小米酒開始以絕食抗議，表達牠寧可挨餓也不願吃飼料的訴求後，我幾乎用盡了網路上的飼主們所傳授的各種方法，甚至還包括親手一顆一顆把飼料餵進牠的嘴裡（現在想來實在很荒謬啊！），但小米酒還是不領情的把飼料吐了出來，那段日子我常常因為餵食而傷透腦筋，感到既挫敗又莫可奈何。

　　起初，為了解決小米酒不吃飼料的問題，我以最簡單的水煮肉加入飼料中，後來我想到，既然我們每天都能從天然食物中攝取到均衡營養，那毛小孩為什麼不可以？雖然飼料是針對毛小孩的營養需求所精心調配，餵食方便又簡單，但它畢竟是加工食品，試問有哪個醫生會贊同我們一輩子吃加工食品很健康安全的？於是，我開始認真研究起鮮食料理。

　　每次一下廚，小米酒就會迫不及待的跟在一旁，彷彿想從食物的香氣判斷今天會吃到什麼美味料理。以新鮮食材幫小米酒烹煮的鮮食餐，不但讓牠餐餐吃得很開心，更重要的是，從食材的選擇到製作，都是自己一手包辦，能讓我感覺更安心。

　　這幾年，大家對於毛小孩的健康照顧愈來愈重視，身邊有很多朋友也像我一樣，開始給寵物吃鮮食，我雖然幫小米酒做鮮食料理已有多年經驗，也閱讀過不少寵物鮮食料理、動物營養方面

蔬菜豬肉丸

燕麥香雞排總能讓他們大塊朵頤。

的相關書籍，但仍希望能更加專精，所以一聽說有專門的寵物營養課程，我沒有多想就馬上報了名。

　　沒想到，上了課才知道，營養學並沒有想像中這麼生活化，但是為了寶貝們的健康，每堂課我都很認真做筆記，回家後還不忘複習，也因此獲得了優異的考試成績（以前在學校時，怎麼不知道自己竟然這麼會讀書……）。

　　不得不說，為小米酒做料理很有成就感，因為無論廚藝好壞，牠都會非常捧場地把碗裡的食物舔得乾乾淨淨，但是在為小白貓和小花貓做料理時，就令我感到非常挫敗。在食物上桌前，看牠們明明一臉期待的模樣，結果把碗端到牠們面前，竟然只聞了一聞，然後就一臉嫌棄的轉身離去。

　　雖然之前在上寵物營養課的時候，老師就有提到，貓咪對於味道不熟悉的食物，接受度比狗低很多，特別是在幼貓時期沒有吃過的食物，長大後可能就容易排斥，而小白貓和小花貓確實在小的時候，因為擔心牠們會營養不均衡，所以都只有以飼料偶爾搭配罐頭餵食，也難怪會對鮮食興趣缺缺。

　　有了前車之鑑，在養小掰掰的時候，我就盡量讓牠嘗遍各種食物，因此牠對於鮮食的接受度就比飼料來得高，終於讓我又再度對廚藝恢復信心，而且兩個姐姐可能每次看牠吃飯吃得那麼香，似乎也受到了牠的影響，願意試著吃鮮食。

　　然而四姐妹的口味喜好都大不同，小米酒是除了大塊一點的紅蘿蔔會被牠挑出來以外，其他食物都來者不拒；小白貓是喜歡

清爽的水煮雞肉口味；小花貓是喜歡帶有炙燒香氣的烤魚風味；小掰掰則是偏好如秋刀魚、豬肝等氣味濃郁的食物。

總之寵物吃鮮食的好處多多，像是比較容易攝取到充足的水分，尤其貓咪通常不愛喝水，罹患腎臟病的機率也會隨之增加。此外，還可以為牠們量身設計客製化的營養需求，像是小米酒原本毛髮很稀疏，我還一度誤以為牠的爸爸或媽媽其實是短毛臘腸，改吃鮮食以後，牠的毛髮又長又亮，常常被大家追問是怎麼保養的，最明顯快速的改變，就是牠們的糞便量會減少。

不過當牠們愛上鮮食後，缺點就是我們吃飯時要隨時小心有不速之客會跳上餐桌！以前小白貓和小花貓只吃飼料，所以無論餐桌上放著什麼食物，牠們都不會感興趣。可是小米酒和小掰掰就不一樣了，牠們會守在餐桌旁虎視眈眈，因此若想要清靜悠閒的吃頓飯，得先餵飽了牠們倆才行。

毛小孩的最愛美食

燕麥香雞排

＊此份量為體重約 10 公斤的狗狗一日餐點計算

食材

雞胸肉 ·············· 60g　　蛋 ············ 1 顆　　　燕麥 ········· 40g

小地瓜 ·············· 1 個　　木耳 ········ 30g　　　高麗菜 ····· 70g

無糖原味優格 ··· 100g　　油 ··········· 1-2 茶匙

做法

1. 地瓜去皮放入電鍋蒸熟後壓成泥
2. 高麗菜、木耳切碎；雞蛋打成蛋液備用
3. 雞胸肉切成適合狗狗一口吃的大小，裹上蛋液和燕麥後入鍋煎成金黃色
4. 將高麗菜、木耳炒熟後，拌入做法 1 的地瓜泥中
5. 餵食時可依照狗狗的喜好，將雞排、蔬菜地瓜泥和優格一起拌勻，或是分開餵食皆可

＊小叮嚀：沾裹雞肉塊如有剩下燕麥和蛋液也不要浪費，可以加入蔬菜中一起拌炒餵食。

蔬菜豬肉丸

＊此份量為體重約 10 公斤的狗狗一日餐點計算

食材

低脂豬絞肉……… 60g　　　蛋 ………… 1 顆　　　燕麥 …… 40g

南瓜 ……………… 85g　　　紅蘿蔔…… 70g　　　芹菜 …… 30g

無糖原味優格… 100g

做法

1. 南瓜去皮切小塊，和燕麥一起放入電鍋蒸熟後壓成泥
2. 紅蘿蔔、芹菜切碎，加入絞肉、雞蛋拌勻捏成適合狗狗一口吃的肉丸大小
3. 將做法 2 的肉丸蒸熟或煮熟
4. 餵食時，將肉丸、燕麥南瓜泥和優格一起拌勻

＊小叮嚀：肉丸可以和南瓜分層放入電鍋中一起蒸熟，省時又省力。

如對毛孩手作鮮食有興趣，
歡迎 FB 搜尋：家有四腳獸

再可愛，也終會有生病衰老的一天

　　在擔任狗醫生的服務期間，我參加了一個北市動保處與台灣狗醫生協會合作的「Home Dog 家庭犬養成計畫」，目的是幫助台北市動物之家的收容犬能找到一個溫暖的家。

　　爲了拍攝直播宣傳影片，我們數次造訪台北市動物之家，還記得那裡的工作人員告訴我們，動物也和人類一樣，很渴望被愛，尤其是這些曾在街頭流浪過的狗狗和貓咪，如果遇到了願意疼愛牠們的人，牠們會更加珍惜，表現得特別乖巧和貼心。很多領養者都有同樣的感覺，而且米克斯（混種狗）通常比較身強體壯、很好照顧，又很聰明伶俐，總之養過的都說讚！

　　其實動物之家的收容犬，絕大多數都是來自於棄養家庭，牠們遭到棄養的原因五花八門，搬家、情侶分手、家裡有新生兒、家人不喜歡、沒有時間照顧、狗狗太調皮吵鬧、嫌狗狗太髒太臭、狗狗生病或衰老……都可以成爲棄養牠們的理由，這些曾經享受過家庭溫暖、寵愛呵護的毛小孩，突然有一天，被牠仰賴信任的主人帶到了這個嘈雜陌生的環境，然後頭也不回的從牠的生命中消失，被丟下的牠從此關進了狹窄的牢籠裡，或許就這樣靜靜過完了剩下的生命。

　　面對如此巨大的衝擊與變化，有的狗狗變得焦躁不安，不停

在籠中來回踱步，有的狗狗則是眼神空洞，終日呆滯的面對著牆壁動也不動，有的狗狗希望以叫聲喚回主人，不斷嘶吼嗚咽直到嗓子都啞了……牠們不明白的是：「主人去了哪裡？為什麼這麼久還沒有來帶我回家？」可是無盡的等待，卻只換來一次又一次的落空。

其中，有一隻狗讓我印象十分深刻，因為長相酷似動畫《神隱少女》中的「無臉男」，所以工作人員就為牠取了這個名字，牠的個性十分溫和、親人，工作人員推斷，牠應該曾經被人飼養過，很可能是年紀大了，所以遭到主人遺棄。每次牽牠出去散步時，牠一定會走到圍欄邊，癡癡望著馬路上一輛輛疾駛而過的車子，似乎在期盼著主人來接牠，而牠在動物之家已經這樣等待了將近一年的時間。

我沒有和「無臉男」一起生活過，但是聽了牠的故事，我心疼的為牠掉下了眼淚，我很想知道，如果牠真的有主人，如果那個主人知道了這件事，心裡會不會感到難過和愧疚？

選擇棄養這些毛孩的人，在轉身離去之後，可以繼續過著精彩的人生，但對於這些被遺棄的毛孩來說，牠們的幸福卻就此畫下終點。既然當初決定與牠們成為一家人，即使有任何原因，都不應該拋棄家人的，不是嗎？

小米酒天生就有基因缺陷，歷經了種種磨難，照顧牠必須特別費心，看病手術的各種花費開銷更是驚人，我辛苦存下來的錢，也幾乎都花在了牠的身上，不為什麼，正因為牠是我不能割

Home Dog 家庭犬養成計畫的宣導活動。

大家可以排排坐讓我好好拍張照，非常的難能可貴。

捨的家人，是我視爲珍寶的孩子，而我所付出的，仍遠遠不及牠所給予我的。

　　小米酒教會我做人要有責任感，體悟了「施比受更有福」的道理；將我從一個悲觀消極的人轉變成開朗積極；懂得更有同理心和觀察力，讓我可以成爲更好的人，也因爲有這一狗三貓的陪伴，讓我每天都很幸福，原來擁有快樂竟然是那麼的簡單。

　　小貓小狗眞的無敵可愛，但是在把牠們帶回家之前，請千萬要想清楚，有沒有把握能夠承擔起這個責任長達十幾二十年，而且無論將來的生活變化如何，甚至當牠們生病衰老的時候，也依然能夠對牠們不離不棄，給予牠們無微不至的照顧和關愛，如果你的答案是非常肯定的，那麼恭喜你，因爲你將會得到一份忠貞不渝的愛和源源不絕的快樂美滿。

看不見的小米酒，
帶我看見世界許多的美好

　　在小米酒闖入我的生命以前，我不知道日子可以每天都這麼快樂，小米酒的一舉一動，永遠是那樣好單純、好天真，讓我不由自主發出會心一笑。

　　就算是小米酒生病的時候，牠也沒有因此躲在角落自怨自艾，還是一樣每天想著要散步、玩樂、吃美食，累了就翻肚呼呼大睡，任何生活中的享受，牠都不曾放棄。應該就是受到牠這種積極以對的樂觀性格所影響，讓我真心的相信：**只要努力活著，通過考驗之後，美好終會降臨！**

　　而且連一隻小小狗都能這麼勇敢堅強，身為人類的我們，又有什麼藉口和理由不敢勇於追求自己心裡想達成的目標呢？然後在努力過後，無論目標有沒有達成，至少不會有所遺憾，因為知道過程當中，也一定會有所學習和領悟，這樣就夠了。

　　「努力把生活過好，幸福就會尾隨在後。」這是小米酒帶我看見的人生第一個美好。

「**有能力幫助別人，心靈會變得富足。**」是牠送我的第二個美好體悟。

和成為狗醫生的小米酒一起加入志工的行列後，很常聽到別人的讚美，說我是個很有愛心的人，可是說老實話，我實在覺得有些汗顏，因為如果不是小米酒，我沒有想過自己會成為一位志工。

印象中，志工朋友們都非常熱情，很樂於與人交談、打交道，可是我其實是個愛耍孤僻，喜歡獨來獨往的人，就連朋友都常嫌我很少主動和他們聯絡，每次見面最常聽到他們說的話，不外乎就是：「好久不見了啦！不找妳，妳也不會主動約人的喔？」、「再這樣下去，小心妳很快就沒有朋友了！」、「妳老了以後，一定是個可憐的孤獨老人啦！」

事實上，不用等到老了以後，現在我的朋友就已經少得可憐，看過我的 FB，很少有人會不露出驚訝或大笑的反應，因為無論是好友數或是按讚數，都少得只能套用一位名主持人常說的一句口頭禪：「令～人～鼻～酸」來形容，所以這樣的我，壓根沒想過自己有朝一日會和熱心助人的志工形象畫上等號。

我不常和人打交道，是因為不善言辭，所以要我打開

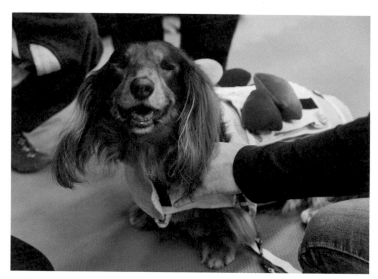

自從小米酒成為了狗醫生，牠讓我體會到幫助人是多麼快樂的一件事。

話匣子，尤其是和不熟識的人天南地北話家常，簡直是一件比登天還難的事，但小米酒辦到了！牠是我和別人聊天、開啟話題的最佳橋樑，只要問起關於小米酒的一切，我就可以滔滔不絕說個沒完，只要有牠在的地方，也不用擔心會冷場、尷尬，於是我可以很放心跟著牠，到任何場合都不怕怯場。

　　自從小米酒成為了狗醫生，牠真真實實的讓我體會到，幫助人是多麼快樂的一件事，就好像鏡子一樣，因為

我們的付出，使得對方的臉上露出笑容時，自己的嘴角也會不自覺跟著上揚。每次帶著小米酒去服務時，心情就特別愉快輕鬆，讓我有種會上癮的感覺，所以就算平常生活再忙再累，都還是一定要安排出時間帶小米酒去服務，原來，這種不求回報的付出，反而會獲得滿滿的回報。

「**學會珍惜所擁有的一切，簡單平凡都感到知足與快樂。**」是第三件小米酒讓我看見的美好。

一輩子有多長？以前這個問題我肯定回答不出來，反正覺得應該好長好久，久到可以讓我們一不小心就會忘掉要好好珍惜眼下所擁有的一切。

可是有了小米酒以後，狀況連連的牠，三不五時就會提醒我一下，平平安安、健健康康是多麼的珍貴，還有我們所以為能擁有一輩子的緣分和幸福，其實很短暫、稍縱即逝，得牢牢抓緊，這不只是和毛小孩的緣分，還包括了和家人、朋友的緣分，能夠有自己所愛、也能夠被愛的分分秒秒，都是難能可貴的幸運福分，再長再久也嫌不夠，因此和大家相依相伴的每分每秒，我都覺得感恩和知足。

真心希望所有我的愛，都能快快樂樂、平平平安在一起一輩子！

你和毛小孩的開心雜記

眾生系列　JP0159

我很瞎，我是小米酒：
台灣第一隻全盲狗醫生的勵志犬生

作　　　者／杜韻如
特 約 編 輯／雪　莉
協 力 編 輯／李　玲
業　　　務／顏宏紋

總 編 輯／張嘉芳
出　　版／橡樹林文化
　　　　　城邦文化事業股份有限公司
　　　　　104 台北市民生東路二段 141 號 5 樓
　　　　　電話：(02)2500-7696　傳眞：(02)2500-1951
發　　　行／英屬蓋曼群島商家庭傳媒股份有限公司城邦分公司
　　　　　104 台北市中山區民生東路二段 141 號 2 樓
　　　　　客服服務專線：(02)25007718；25001991
　　　　　24 小時傳眞專線：(02)25001990；25001991
　　　　　服務時間：週一至週五上午 09:30 ～ 12:00；下午 13:30 ～ 17:00
　　　　　劃撥帳號：19863813　戶名：書虫股份有限公司
　　　　　讀者服務信箱：service@readingclub.com.tw
香港發行所／城邦（香港）出版集團有限公司
　　　　　香港灣仔駱克道 193 號東超商業中心 1 樓
　　　　　電話：(852)25086231　傳眞：(852)25789337
　　　　　Email: hkcite@biznetvigator.com
馬新發行所／城邦（馬新）出版集團【Cité (M) Sdn.Bhd. (458372 U)】
　　　　　41, Jalan Radin Anum, Bandar Baru Sri Petaling,
　　　　　57000 Kuala Lumpur, Malaysia.
　　　　　電話：(603) 90578822　傳眞：(603) 90576622
　　　　　Email：cite@cite.com.my

封面設計／兩棵酸梅
內頁排版／歐陽碧智
內文插畫／Make A Whale
攝　　影／子宇影像徐榕志
印　　刷／中原印象股份有限公司

初版一刷／2019 年 06 月
ISBN ／ 978-986-5613-95-2
定價／ 350 元

城邦讀書花園
www.cite.com.tw

國家圖書館出版品預行編目（CIP）資料

我很瞎，我是小米酒：台灣第一隻全盲狗醫生的勵
志犬生／杜韻如作. -- 初版. -- 臺北市：橡樹林文
化，城邦文化出版：家庭傳媒城邦分公司發行，
2019.06
　　面；　公分. --（眾生系列；JP0159）
　　ISBN 978-986-5613-95-2（平裝）

1. 犬　2. 通俗作品

437.35　　　　　　　　　　　　　　　108006342

104 台北市中山區民生東路二段 141 號 5 樓

城邦文化事業股分有限公司

橡樹林出版事業部　收

請沿虛線剪下對折裝訂寄回，謝謝！

| 橡 | 樹 | 林 |

書名：我很瞎，我是小米酒：台灣第一隻全盲狗醫生的勵志犬生

書號：JP0159

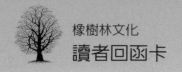

橡樹林文化

讀者回函卡

感謝您對橡樹林出版社之支持,請將您的建議提供給我們參考與改進;請別忘了給我們一些鼓勵,我們會更加努力,出版好書與您結緣。

姓名:_____ □女 □男 生日:西元_____年

Email:_____

● 您從何處知道此書?

□書店 □書訊 □書評 □報紙 □廣播 □網路 □廣告 DM

□親友介紹 □橡樹林電子報 □其他_____

● 您以何種方式購買本書?

□誠品書店 □誠品網路書店 □金石堂書店 □金石堂網路書店

□博客來網路書店 □其他_____

● 您希望我們未來出版哪一種主題的書?(可複選)

□佛法生活應用 □教理 □實修法門介紹 □大師開示 □大師傳記

□佛教圖解百科 □其他_____

● 您對本書的建議:

_____

_____

_____

我已經完全了解左述內容,並同意本人資料依上述範圍內使用。

_____ (簽名)